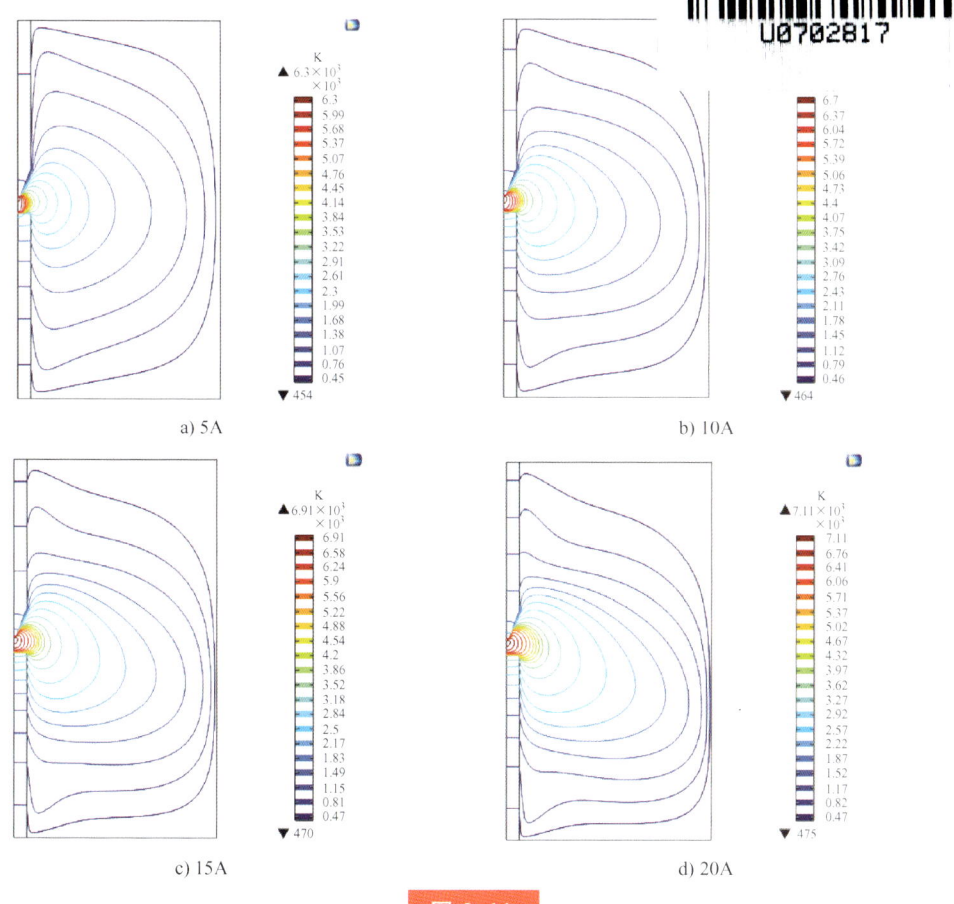

图 2.11

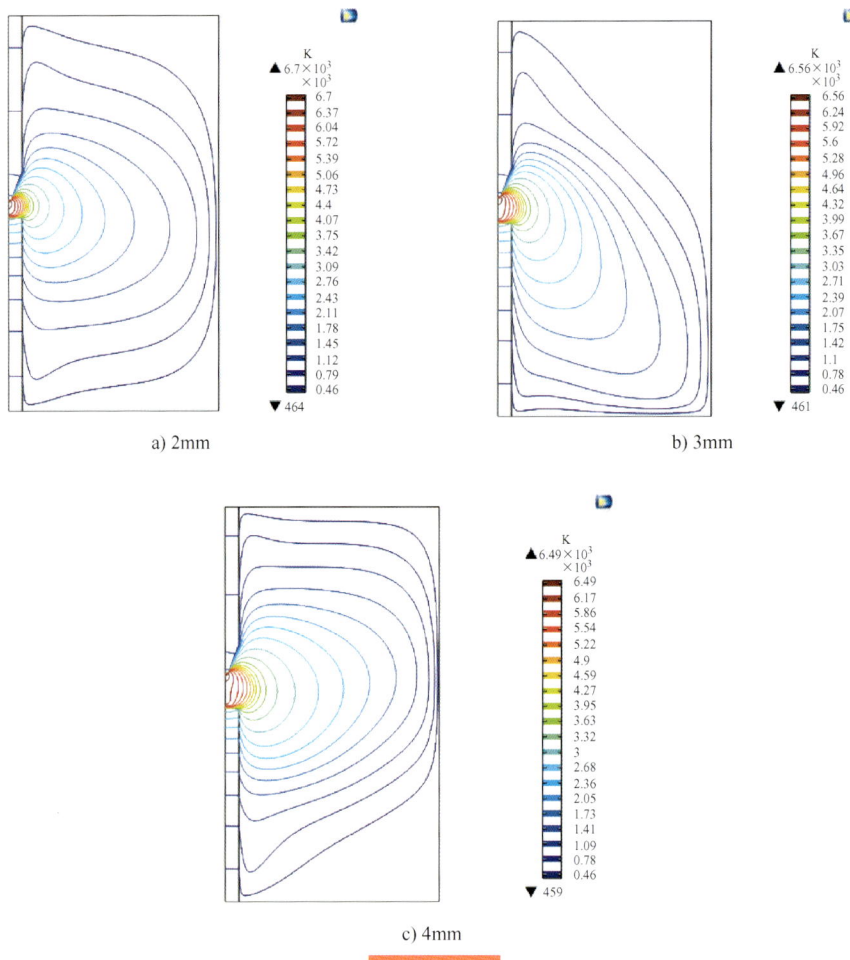

a) 2mm

b) 3mm

c) 4mm

图 2.13

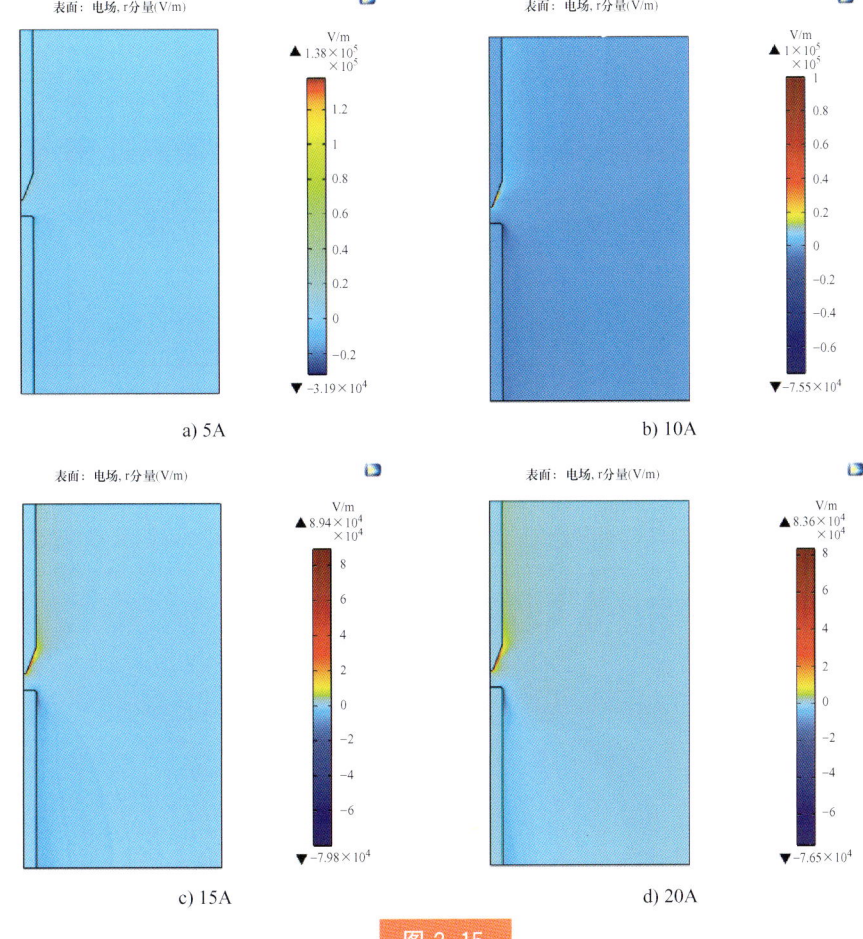

图 2.15

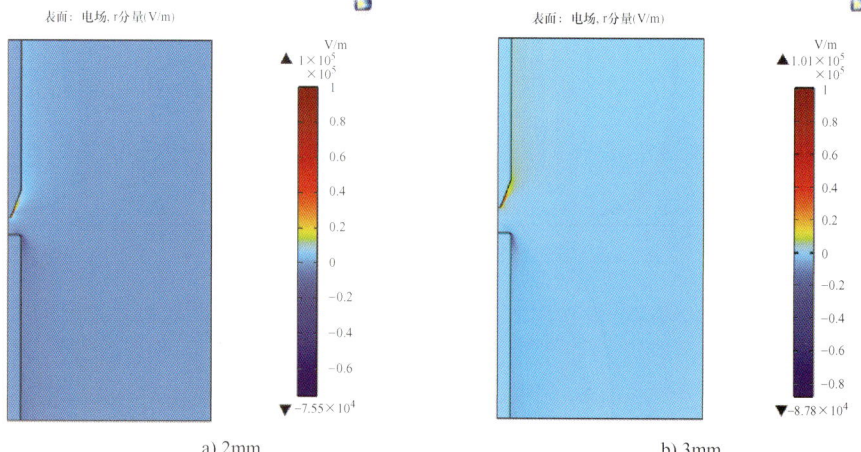

a) 2mm b) 3mm

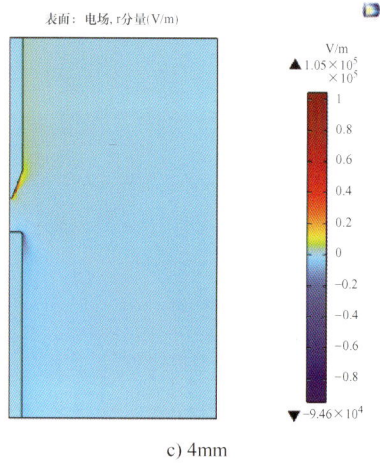

c) 4mm

图 2.16

图 2.26

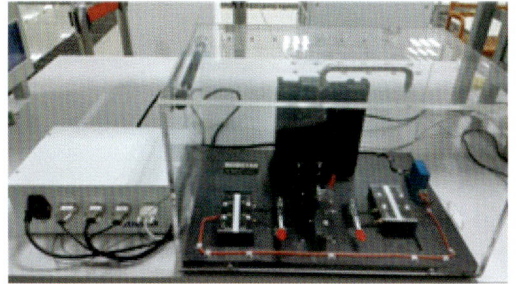

图 2.29

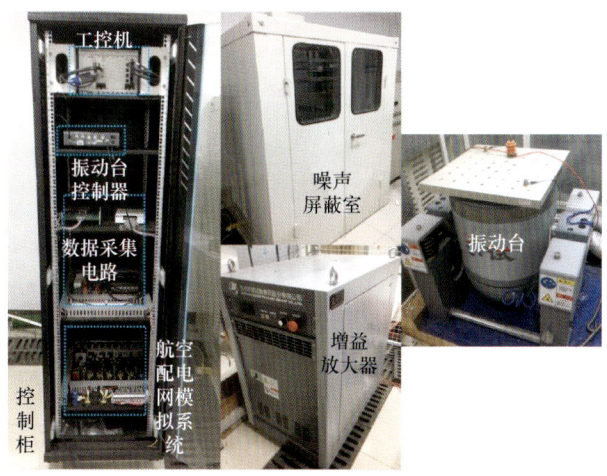

图 2.32

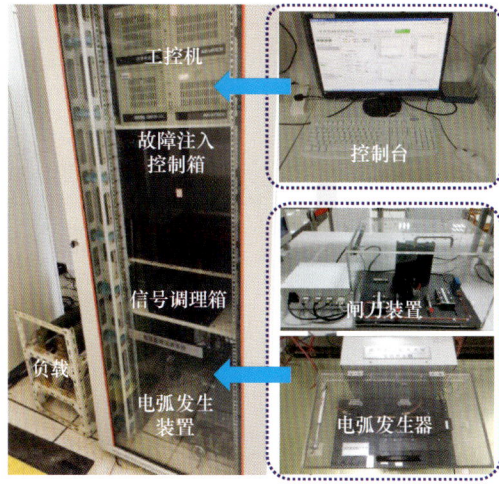

图 2.34

图 3.2

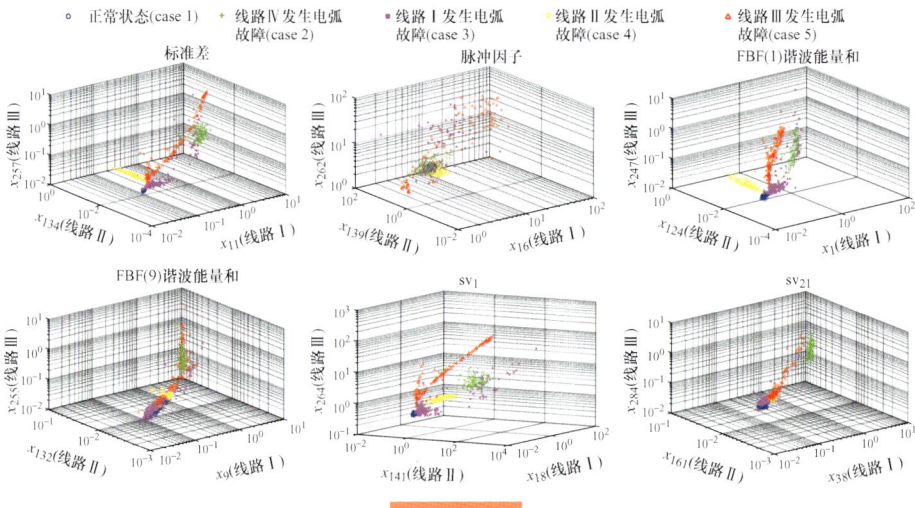

图 6.6

电力电子新技术系列图书

电力电子化直流系统电弧智能故障检测技术

王莉 尹振东 高杨 张瑶佳 著

机械工业出版社

电力电子化直流系统在光伏发电、电动汽车充电网络及直流配电网等领域的广泛应用推动了能源转型，但也带来了直流电弧故障问题。电弧故障可能导致设备损坏、系统停运甚至火灾等严重后果。由于直流系统中电流无自然过零点，电弧难以自行熄灭，而且在电力电子化环境中，电弧故障的随机性和复杂性进一步增加，传统检测方法难以适用。本书系统性地研究了电弧故障的建模与智能检测方法，涵盖电弧的物理特性、故障特征分析、模型参数辨识及智能检测算法。通过实验验证和算法优化，提出了多种适应不同应用场景的智能检测方法。这些方法能够有效应对电力电子化直流系统中电弧故障的挑战，为系统的安全运行提供理论支持和技术保障。

本书适合从事电力电子与人工智能结合研究的科研人员阅读，力求为读者全面了解和掌握电弧故障检测领域的国际前沿动态以及研究设计方法提供参考。

图书在版编目（CIP）数据

电力电子化直流系统电弧智能故障检测技术 / 王莉等著． -- 北京：机械工业出版社，2025．7． --（电力电子新技术系列图书）． -- ISBN 978-7-111-78838-6

Ⅰ．TM507

中国国家版本馆 CIP 数据核字第20254A338N 号

机械工业出版社（北京市百万庄大街 22 号　邮政编码 100037）
策划编辑：罗　莉　　　　　　责任编辑：罗　莉
责任校对：丁梦卓　张　薇　　封面设计：马精明
责任印制：单爱军
中煤（北京）印务有限公司印刷
2025 年 9 月第 1 版第 1 次印刷
169mm×239mm・10.5 印张・3 插页・203 千字
标准书号：ISBN 978-7-111-78838-6
定价：89.00 元

电话服务　　　　　　　　　　网络服务
客服电话：010-88361066　　机　工　官　网：www.cmpbook.com
　　　　　010-88379833　　机　工　官　博：weibo.com/cmp1952
　　　　　010-68326294　　金　书　网：www.golden-book.com
封底无防伪标均为盗版　　机工教育服务网：www.cmpedu.com

第 4 届
电力电子新技术系列图书
编辑委员会

主　　任：徐德鸿
副 主 任：郭永忠　付承桂　康　勇　刘进军
　　　　　徐殿国　阮新波　张　兴
委　　员：（按姓名拼音字母排序）
　　　　　蔡　蔚　陈道炼　陈烨楠　杜　雄　付承桂　郭世明
　　　　　郭永忠　何晋伟　胡存刚　康　勇　康劲松　李永东
　　　　　梁　琳　林信南　刘　扬　刘国海　刘进军　阮新波
　　　　　宋文胜　粟　梅　孙玉坤　王宏华　王小红　吴红飞
　　　　　吴莉莉　徐德鸿　徐殿国　杨　旭　尹忠刚　查晓明
　　　　　张　波　张　兴　张承慧　张纯江　张卫平　赵善麒
　　　　　赵争鸣　朱　淼
秘　　书：吴莉莉　罗　莉
指导单位：中国电工技术学会电力电子专业委员会

电力电子新技术系列图书

序　　言

1974年美国学者W. Newell提出了电力电子技术学科的定义，电力电子技术是由电气工程、电子科学与技术和控制理论三个学科交叉而形成的。电力电子技术是依靠电力半导体器件实现电能的高效率利用，以及对电机运动进行控制的一门学科。电力电子技术是现代社会的支撑科学技术，几乎应用于科技、生产、生活各个领域：电气化、汽车、飞机、自来水供水系统、电子技术、无线电与电视、农业机械化、计算机、电话、空调与制冷、高速公路、航天、互联网、成像技术、家电、保健科技、石化、激光与光纤、核能利用、新材料制造等。电力电子技术在推动科学技术和经济的发展中发挥着越来越重要的作用。进入21世纪，电力电子技术在节能减排方面发挥着重要的作用，它在新能源和智能电网、直流输电、电动汽车、高速铁路中发挥核心的作用。电力电子技术的应用从用电，已扩展至发电、输电、配电等领域。电力电子技术诞生近半个世纪以来，也给人们的生活带来了巨大的影响。

目前，电力电子技术仍以迅猛的速度发展着，电力半导体器件性能不断提高，并出现了碳化硅、氮化镓等宽禁带电力半导体器件，新的技术和应用不断涌现，其应用范围也在不断扩展。不论在全世界还是在我国，电力电子技术都已造就了一个很大的产业群。与之相应，从事电力电子技术领域的工程技术和科研人员的数量与日俱增。因此，组织出版有关电力电子新技术及其应用的系列图书，以供广大从事电力电子技术的工程师和高等学校教师和研究生在工程实践中使用和参考，促进电力电子技术及应用知识的普及。

在20世纪80年代，电力电子学会曾和机械工业出版社合作，出版过一套"电力电子技术丛书"，那套丛书对推动电力电子技术的发展起过积极的作用。最近，电力电子学会经过认真考虑，认为有必要以"电力电子新技术系列图书"的名义出版一系列著作。为此，成立了专门的编辑委员会，负责确定书目、组稿和审稿，向机械工业出版社推荐，仍由机械工业出版社出版。

本系列图书有如下特色：

本系列图书属专题论著性质，选题新颖，力求反映电力电子技术的新成就和新经验，以适应我国经济迅速发展的需要。

理论联系实际，以应用技术为主。

本系列图书组稿和评审过程严格,作者都是在电力电子技术第一线工作的专家,且有丰富的写作经验。内容力求深入浅出,条理清晰,语言通俗,文笔流畅,便于阅读学习。

本系列图书编辑委员会中,既有一大批国内资深的电力电子专家,也有不少已崭露头角的青年学者,其组成人员在国内具有较强的代表性。

希望广大读者对本系列图书的编辑、出版和发行给予支持和帮助,并欢迎对其中的问题和错误给予批评指正。

电力电子新技术系列图书
编辑委员会

前　言

随着电力电子技术的迅猛发展，电力电子化直流系统已成为现代电力系统不可或缺的重要组成部分。从光伏发电、电动汽车充电网络到直流配电网，电力电子化直流系统的广泛应用不仅推动了能源转型，还加速了智能化电网的建设。然而，这种高度电力电子化的系统也带来了新的挑战，尤其是直流电弧故障问题。电弧故障不仅可能导致设备损坏和系统停运，还可能引发火灾等严重安全事故，从而对系统的安全性和可靠性构成重大威胁。

电力电子化直流系统的核心特征在于电力电子变换器的深度应用。以光伏并网和储能系统为例，逆变器、DC/DC 变换器等设备的引入不仅改变了系统的能量流动方式，还显著提升了系统的动态特性和非线性程度。与传统交流系统相比，这种"电力电子化"的演进趋势使得电弧故障的生成机理与传播特性发生了本质变化。一方面，电力电子装置的高频开关动作可能激发电弧的高频振荡，导致故障信号中包含丰富的谐波成分，从而使电弧故障表现出更强的随机性和多样性；另一方面，复杂的系统结构与多时间尺度的动态响应要求电弧故障检测必须同时考虑局部设备特性和全局网络特性。因此，传统的检测方法已难以满足电力电子化直流系统的需求。

面对电力电子化系统的动态特性和故障复杂性，智能检测技术成为破解难题的关键突破口。传统检测方法多依赖于阈值判断或固定规则，难以适应直流电弧的随机性和非线性特征。而人工智能与信号处理的深度融合为电弧故障检测提供了新路径。基于机器学习算法可以自适应地挖掘故障特征与故障类别之间的复杂非线性关系，避免人工手动设置阈值带来的主观性。此外，智能检测技术还可以通过自适应学习不断优化检测模型，从而更好地适应电力电子化直流系统的动态变化。这种智能化的检测方法不仅能够适应复杂的工作环境，还能显著提高系统的安全性和可靠性。

本书系统性地探讨了电力电子化直流系统中电弧故障的建模与智能检测方法。全书内容围绕电弧的物理特性、故障特征分析、模型参数辨识以及智能检测算法展开，力求为电力电子化直流系统的故障检测提供坚实的理论支持和技术指导。本书在研究过程中通过实验验证和算法优化，提出了多种适应不同应用场景的智能检测方法，为电力电子化直流系统的安全运行提供了重要的技术保障。

本书在撰写过程中得到了浙江大学徐德鸿教授和恩师严仰光教授的指导

和鼓励，也得到了课题组研究生陈业、居明浩、曾珂、阮玲月等同学的协助，在此深表谢意！

与本书有关的工作得到了国家自然科学基金 51777092 和 51877102，航空基金 2013ZC52032 等课题的支持，在此表示感谢！衷心感谢机械工业出版社对本书出版的大力支持！

由于作者水平有限，撰写过程中难免有疏漏之处，敬请读者批评指正。本书旨在抛砖引玉，以期未来能有更大的突破和发展，衷心期待收到大家的反馈，共同探讨和发展。

王 莉

目　　录

电力电子新技术系列图书序言

前言

第1章　绪论 1
1.1　背景与意义 1
1.2　电弧建模方法研究现状 2
1.3　电弧故障检测方法研究现状 4
1.3.1　基于物理现象的电弧故障检测方法 4
1.3.2　基于电流信号的电弧故障检测方法 4
1.4　本书主要内容 10

第2章　直流电弧的物理特性及模拟方法 11
2.1　电弧故障产生过程 11
2.2　电弧故障类型 15
2.3　电弧故障高频信号产生原理 17
2.4　直流电弧故障机理分析 19
2.4.1　直流电弧温度场分布 19
2.4.2　直流电弧电场分布 22
2.5　电弧故障模拟方法 25
2.5.1　标准分析 25
2.5.2　电弧发生装置 30
2.5.3　电弧故障研究平台 35
2.6　电弧故障模拟及检测研究实验平台方案 38
2.6.1　串行电弧与并行电弧电路 38
2.6.2　不同负载下的电弧实验电路 38
2.7　本章小结 41

第3章　直流电弧故障特征分析 42
3.1　引言 42
3.2　实验条件 42
3.3　直流电弧电流特征分析 44

3.3.1　直流电弧电流时域特征 ································· 45
　　3.3.2　直流电弧电流频域特征 ································· 48
　　3.3.3　直流电弧电流随机性特征分析 ··························· 53
3.4　不同类型特征的计算复杂度 ······································ 57
3.5　光伏系统电弧特征分析 ·· 58
　　3.5.1　逆变器结构 ·· 58
　　3.5.2　影响因素分析 ·· 59
　　3.5.3　逆变器噪声对故障电弧的影响分析 ························ 66
3.6　直流电弧故障高频特性与传输线之间的相互影响分析 ················ 69
　　3.6.1　直流电弧故障高频特性对传输线电气参数的影响分析 ·········· 69
　　3.6.2　传输线线长对直流电弧故障高频特性的影响分析 ·············· 72
3.7　本章小结 ··· 77

第4章　直流电弧故障模型及其参数辨识方法 ···························· 79

4.1　引言 ··· 79
4.2　直流电弧静态特性与噪声特性 ···································· 80
　　4.2.1　直流电弧静态特性 ······································ 80
　　4.2.2　直流电弧噪声特性 ······································ 81
4.3　直流电弧静态模型与噪声模型 ···································· 82
　　4.3.1　直流电弧静态模型 ······································ 82
　　4.3.2　直流电弧噪声模型 ······································ 82
　　4.3.3　用于电弧模型参数辨识的适应度函数 ······················· 83
　　4.3.4　模型参数范围 ·· 84
4.4　混沌量子布谷鸟优化算法 ·· 85
　　4.4.1　量子布谷鸟优化算法 ···································· 85
　　4.4.2　混沌机制 ·· 86
4.5　基于混沌量子布谷鸟优化算法的直流电弧模型参数辨识 ·············· 88
　　4.5.1　Hook静态模型参数辨识结果 ······························ 89
　　4.5.2　不同静态模型的性能对比 ································ 91
　　4.5.3　分段噪声模型参数辨识结果 ······························ 92
　　4.5.4　不同噪声模型的性能对比 ································ 94
　　4.5.5　模型输出数据与实验数据的故障特征对比分析 ··············· 95
4.6　本章小结 ··· 97

第5章　适应多种工作环境的直流串联电弧故障检测方法 ··················· 99

5.1　引言 ··· 99

5.2 变分模态分解 …… 100
5.3 时频马尔可夫排列转移场 …… 101
　5.3.1 传统马尔可夫转移场 …… 101
　5.3.2 时频马尔可夫排列转移场基本原理 …… 102
5.4 奇异值分解 …… 104
5.5 核极限学习机 …… 105
5.6 实验平台和数据收集 …… 107
5.7 实验结果分析 …… 109
　5.7.1 所提方法在离线环境下的检测结果 …… 109
　5.7.2 离线环境下不同特征提取方法的性能比较 …… 112
　5.7.3 不同分类方法在离线环境中的性能比较 …… 114
　5.7.4 在线实验结果分析 …… 124
5.8 本章小结 …… 127

第6章　网络级直流串联电弧故障检测方法 …… 128

6.1 引言 …… 128
6.2 实验平台的搭建与数据分析 …… 129
　6.2.1 实验平台 …… 129
　6.2.2 配电网中电弧噪声的传播规律 …… 130
6.3 多支路电流信号多尺度高维特征提取方法 …… 132
　6.3.1 多尺度分析算法 …… 132
　6.3.2 高维特征向量提取 …… 133
　6.3.3 构造多支路电流信号的高维特征向量 …… 134
6.4 随机森林基本原理 …… 136
　6.4.1 基于随机森林的分类方法 …… 136
　6.4.2 基于随机森林的特征重要性分析方法 …… 138
6.5 基于离线实验的网络级电弧故障检测算法性能分析 …… 139
　6.5.1 特征选择方法 …… 139
　6.5.2 基于多尺度特征与 RF 的直流电弧故障检测方法的检测结果 …… 141
　6.5.3 不同方法的检测性能对比 …… 142
6.6 基于在线实验的网络级电弧故障检测算法性能分析 …… 144
6.7 本章小结 …… 147

参考文献 …… 148

第1章 绪 论

1.1 背景与意义

近年来，低压直流配电网凭借其转换环节少、控制方便等优点，目前在电动汽车、城市道路路灯、数据中心取得了普遍使用，并且在航空、航海、轨道交通、低碳绿色化建筑等领域的应用十分广阔。直流电弧故障常发生于民用、工业、车辆、船舰、光伏、航空航天等包含直流电源的电气系统。电弧是由于电场过强，气体发生电崩溃而持续形成等离子体，使得电流通过通常状态下的绝缘介质（例如空气）的现象[1]。试验结果表明，当在大气中开断电压超过 10V、电流超过 0.5A 的电路时，在弧隙之间会产生一团温度极高、亮度极强并能导电的气体，称为电弧。电弧是气体放电的一种形式，并且可以认为是放电的最终形式，稳定燃烧的电弧属于气体自持放电中的电弧放电，区别于其他类型气体放电的特征是电弧放电的维持电压很低。根据帕邢（Paschen）击穿特性，在大气压下 1mm 导体间隙至少需要 4kV 的击穿电压，然而一旦间隙被击穿而产生电弧放电后，触头两端电压降为几十伏。线路上的电弧可分为两种，一种是称为"好弧"的正常操作弧；另一种是故障电弧，称为"坏弧"。"好弧"是指电机旋转（如电钻等）、开关电器、插拔电器时产生的电弧。好弧具有短暂性和不可持续性，并不会对线路及负载造成损坏。电路在发生好弧时，负载和线路可以认为是安全的。而由接线端子松动、绝缘老化及击穿等引起的电弧则被视为故障电弧，本书所要研究的即是直流故障电弧。与交流故障电弧不同，直流故障电弧没有因相位改变所造成的零休区现象。一旦发生了直流故障电弧，高温现象将会维持直至直流电源来源切断。由于故障电弧产生的高温可达 1000℃ 以上，因此不仅会造成周围的绝缘物质分解或炭化而失去绝缘的功效，同时也容易导致邻近的物质达到燃点而起火，甚至故障电弧会造成金属导体熔化而喷发出高温的金属颗粒，而高温金属颗粒一旦接触到可燃物质，也会造成严重的火灾事故。电气系统中的直流电弧故障可能会中断电源供电、损坏电力设备、引起火灾甚至威胁人类生命安全[2-3]。

当前已有许多事故是由直流电弧导致的。自 20 世纪 90 年代至今，60%以上的光伏电站火灾事故是因为直流电弧。瑞士、美国、意大利、德国等国都报道过数起严重的光伏系统火灾事故。青海省某 50MW 光伏电站统计数据显示，平均每 2~3 个月发生一次直流电弧故障。2018 年四川航空的 3U8633 航班一架客机挡风玻璃爆裂脱落，调查发现最大可能是电弧局部高温引起。在 2019 年发生的电动汽车安全事故中，约 20%是由电池外部直流系统放电引起的。电弧一旦发生，若不进行及时有效的保护，可能会酿成大面积灾害。英国石油（BP）太阳能公司生产的太阳能光伏组件的接线盒处焊接松动，产生了故障电弧并烧毁了光伏汇流箱，该公司为了严查隐患将大约 3.5MW 发电功率的光伏组件进行召回，这一事件使公司损失严重。2015 年 5 月，位于美国亚利桑那州平顶山的苹果工厂发生火灾，起火点位于苹果公司数据处理中心屋顶的光伏电站。1996 年 7 月，美国环球航空公司 800 号班机起飞后不久毫无征兆地发生爆炸，机上 212 名乘客及 18 名机组人员全部罹难，无一生还，事后调查就是因为油箱外的航空电缆引发的电弧故障。

一般的短路、过电流等故障主要由基于热保护曲线的热断路器（thermal circuit breaker，TCB）与固态功率控制器（solid-state power controller，SSPC）来保护。但是高阻抗电弧故障的电流一般都低于 TCB 和 SSPC 触发的电流下限值，而低阻抗电弧故障的电流虽然较大，由于持续时间较短，在熄灭前断路器并未做出保护动作。而且直流系统内部大量使用电力电子装置实现电能变换，电力电子装置在工作期间会在电流、电压信号中引入丰富的高频噪声，会干扰基于电流、电压噪声分析的电弧故障检测方法的检测结果。电力电子装置的大量使用使得直流系统在电缆环节更加薄弱，为直流系统电弧故障检测带来了新的挑战。因此，发展用于直流系统的高效可靠的在线电弧故障检测越来越紧迫[4]。

因此，为了提高直流系统的安全可靠性，需要开展直流电弧故障建模与检测方法的研究，以及时有效地检测出直流系统中的电弧故障，将电弧故障的危害级别降到最低。

1.2　电弧建模方法研究现状

开展实验研究电弧故障检测方法成本过高，而且还存在一定的危险性。计算机技术的进步推动了以计算机为载体的电弧模型研究，使得低成本、高灵活性的电弧建模成为电弧故障研究的重要方面[5]。当前国内外研究者主要从两个方向实现电弧故障的建模[6]：一个是物理-数学模型，它详细研究电弧的物理过程[7]，用描述电弧各部分电离粒子运动规律的动态方程，表征电弧内部能量变化关系，但物理-数学模型原理复杂、计算成本高，不适合实际应用；另一个是黑盒模型，将电弧看作一个二端电路元件，重点描述电弧的数值特性，不关注电弧等离子放电现象的复杂物理机制，仅聚焦于电弧的外特性。黑盒模型复杂度低且易于应用于电路中进行仿真研究，是本书研究的重点。

当今，黑盒模型应用最为广泛，直流电弧的黑盒模型主要包括静态模型和噪声模型。静态模型主要描述直流电弧的静态特性（即 U-I 特性，电压与电流的非线性关系）。静态模型将直流电弧视为电路中一个元器件，通过大量的数据挖掘电弧电压和电弧电流之间的规律。早期的静态模型有 Anton 模型，Nottingham 模型，Warrington 模型[8]。Nottingham 模型和 Warrington 模型分别是 Anton 模型在小电流和大电流情况下的改进形式。将电弧电压与电流的关系由 1 次幂扩展到 n 次幂（n 为模型中的参数），提升了模型对电弧静态特性曲线的拟合能力。最早的交流电弧模型是 19 世纪 30 年代末由柯西提出的电弧能量平衡理论及电弧通道的 Cassie 模型和由麦耶尔提出的考虑传导和辐射的 Mayr 模型。但这两种经典的模型都有其各自的适用范围：Cassie 模型适合于对大电流小电阻情况下的燃弧现象的模拟[9]。Mayr 模型的理论基础是基于热游离、热惯性和热平衡三种原理，更适用于模拟小电流情况下的电弧[10]。Stokes 和 Oppenlander 发现电弧电流存在转折点[11]，在转折点之前，电弧电压随电流增加而下降。但在转折点之后，电弧电压随电流增加而上升。Stokes 和 Oppenlander 对转折点之后的电弧静态特性进行了建模。Paukert 将电弧模型在小于 100A 和大于 100A 的范围内分别进行建模[12]，以表现电弧在不同电流等级下的不同静态特性。为了避免电流正负情况下的极性差异，Andrea[13] 基于反正切函数提出了一种适用于小电流情况下的静态模型。但以上模型都无法全面地表现转折点前后电弧静态特性不一致的现象。

电弧具有很强的随机性，电弧电流信号包含丰富的高频噪声。以上直流电弧模型同样只关注电弧的静态伏安特性，无法有效地反映实际电弧电流中存在的有色噪声。有研究者通过在仿真电路的电流中叠加符合正态分布的白噪声模拟电弧的随机性[14-16]。电弧电流的频谱能量呈现有色噪声的形式，而白噪声的频谱能量呈均匀分布。参考文献[17-18]采用粉色噪声模拟电弧的随机性。相比于白噪声，粉色噪声能够更有效地表现电弧频谱能量在频域内的非线性特点。但粉色噪声在整个频带范围内与频率值的负一次幂正相关，无法反映电弧电流频谱能量在频域内分布形式的多样性。

对于直流电弧的静态模型和噪声模型而言，模型中参数的选取对于建模的准确度至关重要。有研究者采用 non-holonomic 拟合方法获取模型参数[19]，但这种方法需要理解关于电弧等离子体的专业知识。参考文献[5]采用经验的方式确定模型中参数，这种方法主观性太强。高杨[20]等人采用最小二乘法辨识电弧模型参数，但这个方法需要对参数的值域进行网格划分。参数辨识准确度与网格划分的精细程度有关，但若网格划分过于精细，将严重影响搜索效率。元启发式优化算法是当今解决工程优化问题的最主要的方式[21]。元启发式优化算法的设计灵感大多受启发于自然界的现象，例如生物原理（繁殖、变异）和社会性行为（鸟群、鱼群、蜂群）。元启发式优化算法将优化问题看成一个黑箱，只考虑输入和输出，不依赖于优化问题的梯度信息或数学特性。在算法的初始阶段，随机生成种群，然后以特定的策略随机探测和开发目标区域,以逐渐逼近最优解。当今,已有研究者利用遗传算法[22]和粒子群优化算法[16](particle swarm optimization,PSO)实现电弧模型的参数辨识。但遗传算法和PSO存在易早熟、陷入局部最优以及收敛速度慢的问题。

经以上的分析,当前的电弧故障建模主要存在三方面问题急需解决:

1)当前的静态模型无法表现大电流和小电流区间变化趋势不一致的现象;
2)当前的噪声建模方法不能有效拟合实际数据高频分量频谱分布;
3)电弧模型参数优化方法全局收敛能力弱,易陷入局部最优。

1.3 电弧故障检测方法研究现状

1.3.1 基于物理现象的电弧故障检测方法

在发生电弧故障时,光、热、声音、辐射等物理现象都可作为检测特征量。参考文献[23]利用电磁辐射传感器采集电弧产生的电磁信号,并通过分析电弧和正常状况下电磁信号的频谱差异来判断是否发生电弧故障。参考文献[24]基于所设计的用四阶Hilbert分形天线,针对低气压下由不同电极材料产生的串联直流电弧故障进行了电磁辐射信号检测,对电磁辐射脉冲幅值和频率特性进行了分析,并讨论了电极直径、形状和移动速度对电磁辐射特性的影响。在此基础上,参考文献[25]对不同的电流突变进行频谱分析发现,电磁辐射信号的特征频率、脉冲时间间隔以及脉冲簇持续时间可作为直流电弧的检测参量判断电弧故障。参考文献[26]利用经验模态分解对采集的电弧光信号进行多层分解并提取能量作为特征实现快速电弧故障检测。参考文献[27]经大量实验和理论分析得出结论:弧光、热量以及短路电流的幅值在产生燃弧的瞬间产生了幅值阶跃式上升的现象,并以故障电弧弧光、弧声、短路电流为表征信息来判断电弧是否发生。

基于电弧故障物理现象的检测方法原理简单、操作便利,但是这类检测方法需要将检测装置安放在故障位置附近,限制了装置的灵活性,无法应用在远距离传输的线路中,仅适用于某些小型设备。

1.3.2 基于电流信号的电弧故障检测方法

当前基于线路中的电流信号是实现电弧故障检测的主要手段,能够避免基于电弧物理现象检测方法的局限性。

1. 基于时频域信息的检测方法

当线路中发生电弧故障,电压、电流信号的时域波形和频域能量谱会发生明显波动[28]。参考文献[29]分析了28V航空电弧电流频域特征,提取10kHz以内的谐波功率和作为特征实现对正常情况和电弧故障的区分。参考文献[30]在50V、115V、220V电压等级下,从时域和频域角度对两种电路状态下的电流数据进行分析对比并提取特征,发现时域特征中的有效值,以及频域特征中的谐波功率和适合作为故障特征。参考文献[31]经过对1000V以内的直流电弧数据总结,发现当发生电弧故障后,电流交流分量的标准差和峰-峰值显著地提升。参考文献[32]基于对串行电弧故障时域特征的分析,发现电弧电流波形随机波动性相比于正常情况明显增强,通过对时间窗内电流数据的标准差分析,得到电弧发生后,电流的标准差明显增加的结论。参考文献[33]基于分形理论分析电弧的随机性,即采用相邻网格电流变化率比值构造特征向量,这种方法无须考虑负载功率的影响,但非线性负载由于存在高频开关状态,其正常工作时的较大电流变化率影响了检测的准确性。参考文献[34]通过对前后周期电流信号作差得到新的序列,然后对新序列求方均根值,通过对比发生电弧故障前后方均根值的波动判断是否发生电弧故障。参考文献[35]通过研究直流270V电气系统中发现电弧稳定燃烧时的电压电气噪声幅值相比无电弧时的电压信号频谱能量幅值在0.5～100kHz的区间内存在明显的提升。参考文献[36]采用短时傅里叶变换,分离电流信号的基波、奇数次谐波和偶数次谐波。发现当线路中发生电弧故障时,奇次谐波和偶次谐波增大,而50Hz基波分量幅值变小。参考文献[37]对串联电弧故障信号进行特征频带提取,并利用移动时间窗方法统计信号在电流的高频系数的能量值,用其表征电弧故障信号的杂乱度和混沌度。参考文献[38]认为线路中的电弧故障可等效为阻抗负载,采用扩展频谱时域反射法（spread spectrum time domain reflectometry,SSTDR)对直流光伏系统中的电弧故障进行检测,但这种方法对电流信号中噪声敏感,而且线路参数变化导致的阻抗不匹配也极易造成算法的误判。参考文献[39]通过分析电弧故障前后电流信号频谱能量的变化,采用48.83～93.99kHz范围内的频谱能量平均值作为特征实现电弧故障检测。参考文献[40]基于快速傅里叶变换同时提取信号时域波动信息以及频域能量分布信息构造二维的特征,然后设置判定逻辑实现电弧故障的识别。参考文献[41]通过将频带10等分并提取每份频带的能量平均值以构造10维的特征向量。

经以上的文献分析,基于时频域信息的电弧故障检测方法运算量小,取得了一定的实际应用成果。但发生电弧故障时,电流信号有很强的非平稳性,傅里叶变换只适合于分析平稳信号。时频域信息本身易受负载、温度、气压以及电源等因素变化的影响,稳定性差,而且以上基于时频域的方法都采用阈值的方式判断是否发生电弧故障,难以确定合适的阈值。

2. 智能电弧故障检测方法

为了解决以上问题,国内外越来越多研究者提出更智能的电弧故障检测方法。

其中的智能体现在两方面：

1）特征提取方法从更多的角度分析信号，或将信号分解为更精细的结构；

2）分类方法对特征和类别具有更强的非线性拟合能力，不依赖经验，能挖掘数据中的抽象信息。近年提出的电弧故障特征提取方法与分类方法见表 1.1。

表 1.1　典型的电弧故障特征提取方法与分类方法

特征提取方法	小波变换（wavelet transform，WT）、小波包变换（wavelet packet transform，WPT）、经验模态分解 主成分分析、近似熵、模糊熵、Hurst 指数、卡尔曼滤波器、稀疏表达
分类方法	神经网络、卷积神经网络（convolutional neural network，CNN）、支持向量机（support vector machine，SVM）、隐半马尔可夫模型、随机森林（random forest，RF）、极限学习机（extreme learning machine，ELM）

（1）特征提取方法

1）基于小波分析的特征提取方法：研究者在特征提取过程中通常首先将采集的信号分解为更精细的结构，滤除信号中不相关成分，增强信号对电弧故障的表现能力。WT 方法局部时频聚焦特性强，适合于分析突变信号和非平稳信号。小波包变换在 WT 的基础上实现了高频部分的精细分解。参考文献[42-45]对电流数据进行多层小波分解并提取每层信号的能量构造特征向量。参考文献[46]着重对比分析了 Rbio3.1 小波基与 db9 小波基应用于直流电弧特征提取时的性能，发现 Rbio3.1 小波基能在具有较强噪声干扰的环境下更好地对电弧故障和正常情况加以区分。参考文献[47]利用小波包技术对差分信号进行 32 层分解，将信号按频率高低依次放入二维数组并转换为灰度值图像以供后续特征值计算使用。参考文献[48]利用小波阈值降噪滤除了系统中固有的高频噪声。但最优小波基的选取依然是未解决的问题，小波分解过程中不同尺度之间还存在频域交叉现象[49]，不同子带信号的频带混叠抑制了对信号故障特征的表征能力。

2）基于经验模态分解的特征提取方法：经验模态分解算法能够基于信号固有时间尺度特征将信号分解为若干模态，无须预先设定基函数，适用于非线性非平稳信号的分析处理。参考文献[50]利用经验模态分解对电流信号分解后发现，相比于传统的 FFT 变换，能增强谐波功率和对电弧故障和正常情况的区分能力。参考文献[51]分析不同模态分量、标准化原始电流信号之间的关联性，提取与标准化原始电流信号相关性最强的模态分量进行重构，得到表征故障电弧的特征向量。参考文献[52]利用经验模态分解对电压信号进行分解并提取前 5 阶模态分量的能量比为特征向量。但是经验模态分解对信号取包络，由于极值点分布的不均会不可避免地导致模态间的频率混叠[53]。经验模态分解还存在端点效应，这都为检测带来不利影响，而且分解过程需要迭代计算，不利于电弧故障检测算法的实时执行。

3）基于混沌特性的特征提取方法：参考文献[54]以盒子维数和关联维数作为故障特征衡量高频电流信号的混沌特性，实现交流电弧故障检测。参考文献[55-56]分别采用近似熵和模糊熵作为故障特征，近似熵和模糊熵都可用来计算时间序列相空间生成新模式的概率，衡量时间序列的复杂度，当电路中发生电弧故障，电流信号随机性增强，高频谐波成分升高，因此近似熵和模糊熵都能够有效区分正常和电弧故障情况。参考文献[54-56]中所涉及的特征提取算法计算成本高，难以在在线运行，工程应用价值低。而且由于电弧故障强烈的随机性，难以在这些特征提取算法中确定不变的最佳参数值适用于电弧电流不断变化的状态。有研究者通过计算电弧电流的 Tsallis 熵[18]和 Hurst 指数[57]度量电弧电流的不确定性信息，并通过分析不同工作条件下相应特征的统计特性设定合适的阈值以识别电弧故障。有研究者基于递归图[58]、Kolmogorov 熵[59]和排列熵（permutation entropy，PE）[60]的方法分析高频电流信号的随机性，但这三种方法需要对信号进行相空间重构，实际应用过程中难以确定合适的相空间参数以满足不确定的工作状态。

4）其他类型特征提取方法：图像处理方法为电弧故障检测引入了新的思路，有研究者[47]采用前向差分法对电流信号进行预处理，并利用小波包技术对差分信号进行分解、重构，将重构信号按频率高低依次放入二维数组并转换为灰度值图像，对灰度值图像进行 Wiener 滤波并采用 Laplace 算子进行锐化和加强处理，最后求解灰度-梯度共生矩阵得到特征向量。参考文献[47]构造灰度图像过程中存在数据模糊化的过程，丢失了数据中的高频故障信息。参考文献[61]针对光伏系统直流侧串行电弧故障提出了基于主成分分析（PCA）的检测策略，作者首先利用变流器前端的电压、电流以及变流器后端的电压构造二维矩阵，然后利用 PCA 提取矩阵的主成分序列，最终基于第六个序列的标准差对电弧故障进行检测。但文中的电弧判定方法采用阈值的方式，而且没有充分发掘高维主成分与故障之间的深层非线性关系。参考文献[62]利用卡尔曼滤波器提取信号中的非线性特征。但卡尔曼滤波器对噪声敏感，检测性能易受外界因素变化的干扰。参考文献[48]提出了采用一种基于 WT 和奇异值分解的串联电弧故障检测的方法。首先对采集的电流信号进行离散小波变换，构造基于 Hankel 矩阵的特征矩阵；然后对特征矩阵进行奇异值分解，并求取奇异值的平均值、标准差以及方差作为串联电弧故障检测的依据。但文献对奇异值求取平均值、标准法以及方差的过程丢失了隐含在高维奇异值特征中的关键故障信息，降低了检测性能。参考文献[63]利用稀疏表达对电流信号直接压缩从而提取抽象故障特征，但该方法计算量大，不适合实时电弧故障检测。参考文献[64]提出了一种基于随机共振的特征增强方法，能够提升电弧和正常情况下所提取小波能量特征的区分度。但文献中针对随机共振方程中的参数在不同情况下存在显著不同，该方法无法适应环境的变化，若缺乏先验的实验数据则无法达到增强特征的目的。

（2）分类方法

为了综合利用高维特征，越来越多研究者们采用机器学习的方法实现特征融合，充分挖掘特征与故障之间的非线性关系。

1）基于支持向量机的分类方法：参考文献[65]利用短时傅里叶变换提取电流信号中1.5~3MHz频带内的能量并结合电流绝对积分值构造二维特征向量，利用训练得到的最小二乘SVM实现对不同电气负载情况准确的电弧故障检测。参考文献[47]将获取的故障电弧13维特征向量输入到SVM进行故障电弧识别测试，成功实现对文献所涉及三种非线性负载的电弧故障检测。参考文献[66]利用核主成分分析法提取电流信号的主成分分量并输入至SVM中实现电弧故障的识别，文献中为了使支持向量机取得更好的分类性能，采用萤火虫优化算法优化SVM中的关键参数（核函数参数g和惩罚因子c）。参考文献[60]利用经验小波变换对电流信号进行多层分解并提取每层小波分量的多尺度排列熵（multiscale permutation entropy，MPE）以构造特征向量，并基于孪生SVM实现电弧故障检测，并在不同逆变器、阴影强度、温度以及线长等条件下验证了方法的稳定性。但SVM有规则化系数确定存在困难、预测结果缺乏统计意义、核函数受Mercer条件限制等缺陷[67]，SVM不适合大规模样本训练且不适用于解决多分类问题。

2）基于神经网络的分类方法：参考文献[44]基于4维小波能量特征与反向传播神经网络设计了交流串联电弧检测策略，并与传统基于阈值的方法进行了对比，表明所设计方法检测性能更优秀。参考文献[45]与参考文献[63]所设计的交流电弧故障检测方法基于稀疏表达以及神经网络，文献采用稀疏表达压缩电流信号至250维实现特征提取，并采用神经网络实现对六种常用家庭负载电弧故障的有效检测。以上两篇文献都采用神经网络作为分类器，改善了检测性能，但神经网络在训练过程中易出现过拟合以及陷入局部最优，存在泛化能力不足的问题。参考文献[68]利用主成分分析提取电流信号的前三个主成分以构造特征向量，并基于神经网络与SVM相结合的方式实现电弧故障检测，其中神经网络用以区分负载类型，每个负载对应一个用以检测其电弧故障的SVM。文献采用多个分类器配合实现电弧故障检测，增加了成本与算法复杂度，不利于实际应用。传统的手动特征提取方法主观性强且通常难以消除相关性弱的特征对检测结果的负面影响，有研究者采用CNN的方法实现[69-71]深层次抽象特征的提取，该方法利用CNN的多层结构，逐层对原始电流信号进行压缩，挖掘原始数据与电弧故障之间的非线性关系。应用过程中，CNN的结构对检测结果具有重要的影响，但网络内部参数的确定存在困难。

3）其他机器学习方法：有研究者提出利用隐半马尔可夫模型实现直流电弧故障检测[42]，该研究者利用多层小波分解并提取的6维时频特征用以训练隐半马尔可夫模型，最后使用实验数据对所设计检测算法的性能进行了验证。但文献中使用的训练数据源于仿真模型，无法反映真实电弧电流的特性，基于仿真数据训练检测算法易导致检测准确度降低，而且隐半马尔可夫模型对噪声敏感，稳定性差。参考文献[46,72]利用 RF 对提取的不同小波分量能量构成的特征进行分类，实现交流电弧故障检测。但文献并未分析决策树个数以及随机选取样本百分比这两个关键参数对 RF 分类性能的影响。参考文献[52]利用 ELM 实现不同负载情况下的交流电弧故障检测。但 ELM 通过求取矩阵逆获得网络输出矩阵，但数值结果的求取通常是不稳定的，而且仅限学习机的训练速度和分类性能会随着样本数的增多而下降。

当前智能电弧故障检测方法存在的问题：近年提出的智能电弧故障检测算法虽一定程度上克服了工作条件改变对检测稳定性的影响，提升了检测性能，但依然存在着泛化能力不足、计算成本高、不利于实时运行的问题。

3. 网络级电弧故障检测方法

当前电弧故障检测方法的研究大多都是针对单一支路的电弧故障检测，即仅判断当前这条支路上是否存在电弧故障。而实际配电系统中往往包含多个支路，不同线路之间是相互连接的。当系统中某一条支路发生电弧故障，相邻支路的电流信号也有可能受到干扰并被高频随机噪声入侵[73]。采用单支路电弧故障检测方法易造成正常支路的虚警，无法准确识别发生电弧故障的线路。因此，从系统级的角度而言，不仅需要检测出系统是否发生电弧故障，还要实现电弧故障的定位并避免正常线路的虚警[74]。

当前，已有研究者针对配电网开展了电弧故障检测算法的研究，以准确实现网络级电弧故障的检测。参考文献[75-76]提出了基于模型的网络级电弧故障检测方法，即通过比较当前每个线路状态与模型输出的残差，实现串联电弧故障发生位置的检测。这种方法需要同时检测每条电缆的电流以及端电压，所用传感器较多。而且基于模型的方法对系统的结构变化缺乏适应能力。参考文献[77]利用循环神经网络直接处理三相线路的电流实现串联电弧故障检测与选线。但循环神经网络由于梯度的过度叠加易在反向传播过程中出现梯度消失问题[78]，从而影响检测性能。参考文献[79]针对三相电机系统电弧故障选线问题，首先利用 WT 实现三相电流信号的高通滤波，然后基于变分模态分解和维格拉分布提取特征作为 SVM 的输入。但变分模态分解和维格拉分布存在计算开销大的问题，限制了此方法的在线应用。参考文献[80]利用电弧故障在两个并联在负载端电容产生的脉冲信号时间差判断直流配电系统中电弧故障的位置。但非线性负载启动过程中产生的高频噪声易对此算法造成干扰。为了减小检测过程中采用的传感器数量并提升计算效率，参考文献[81-82]仅通过分析所采集的一条支路电流信号实现配电网中电弧故障的检测。但当系统中某两条支路的负载性质相近或相同时，这两条支路电弧故障在主回路电流信号中所表现的特征就会相似或相同，从而难以实现准确的电弧故障检测。当前针对网络级电弧故障检测方法的研究依然存在电弧噪声传播机理不清晰、实时性不足以及适应性差的问题。

1.4 本书主要内容

　　针对当前国内外研究现状中存在的问题，本书以电力电子化直流配电系统中的电弧故障为对象开展研究。首先在深入研究直流电弧特征以及建模方法的基础上，同时借助先进的信号处理算法以及机器学习理论提出了对环境适应能力强的电弧故障检测方法。其次，本书分析了电弧噪声在配电网中传播的机理，提出的网络级电弧故障检测方法能够避免电弧噪声对正常线路的干扰，有效解决了单支路电弧故障检测的局限性。具体的章节安排如下：

　　第 1 章为绪论。阐述了本书的研究背景以及意义，同时对当前电弧故障建模、电弧故障检测的研究现状进行了归纳总结并分析了其中存在的问题。

　　第 2 章为直流电弧的物理特性及模拟方法，首先阐述电弧故障产生原因、分类，分析随机性原理与直流电弧温度场、电场分布。接着介绍 UL1699B 等标准及电弧发生装置，搭建电弧故障诊断自动化研究平台。最后给出模拟及检测实验平台方案，为电弧研究奠定基础。

　　第 3 章为直流电弧故障特征分析。搭建电力电子化直流电弧故障实验平台并采集了电弧电流数据。在此基础上分析了电弧电流不同类型的特征，从不同的角度分析了电弧电流的随机波动特性，为电弧故障建模以及基于电流信号实现电弧故障检测打下了基础。

　　第 4 章为直流电弧故障模型及其参数辨识方法。在分析电弧静态伏安特性和噪声特性的基础上，提出了 Hook 静态模型和分段噪声模型。同时为了实现电弧模型参数的准确辨识，提出了混沌量子布谷鸟优化算法（chaotic quantum cuckoo search，CQCS），并基于实验数据验证了模型与算法的性能。

　　第 5 章为适应多种工作环境的直流串联电弧故障检测方法。为了克服光伏系统中电力电子装置产生的噪声对检测结果的干扰，提出了一种基于时频马尔可夫排列转移场的电弧故障检测方法。本章搭建了光伏直流电弧故障检测平台，基于离线实验与在线实验验证了所提方法的检测准确度与检测速度，同时通过对比不同检测算法的检测结果，验证了本章所提方法的先进性。

　　第 6 章为网络级直流串联电弧故障检测方法。本章首先分析了配电网中电弧噪声的传播机理，然后提出了基于多尺度特征与 RF 的网络级电弧故障检测方法。离线实验与在线实验表明，所提方法能够有效避免电弧噪声对正常线路的干扰并准确识别电弧故障发生的线路，同时算法的实时性能够满足标准要求。

第2章 直流电弧的物理特性及模拟方法

2.1 电弧故障产生过程

电弧一般可以分为好弧和坏弧两种形式。好弧为系统正常工作过程中产生的瞬时性电弧，如设备开关的动作、电源插头的拔插等。这种电弧不会持续性发生，更不会产生大量的高温并在系统中引发火灾。坏弧为故障电弧，即电缆长期运行过程中承受高温、潮湿、摩擦以及挤压等外界应力导致绝缘下降或连接端松动引起的电弧放电。故障电弧可能会产生 1000K 以上的高温，破坏周围设备甚至会导致故障链的发生，从而导致灾难性的事故。因此故障电弧对电气系统的安全性构成了巨大的挑战，其主要的产生方式共有 3 种：

1. 绝缘碳化电弧

当绝缘材料表面存在水气、离子等污染物体时，其表面电导会大幅增加，由此导致了流过绝缘介质表面的泄漏电流会蒸发水分形成干燥点或者干燥带，随后这些干燥点和干燥带之间由放电通道桥接[83]。放电产生的热量足以导致聚合物绝缘材料裂解，在绝缘表面形成碳化带。当电极和碳化带之间的电场强度足够大的时候会导致沿面电弧产生，电弧释放的能量会进一步加速分解绝缘层，形成导电的碳化路径，如若碳化路径延伸并贯穿两电极，此时绝缘完全失效，电弧故障会伴随着短路故障一并产生。除此之外，其他热源同样会导致绝缘碳化，以最为常见的 PVC 电缆绝缘材料为例，在温度大于 180℃时，聚合物分子链断裂产生氯乙烯，而氯乙烯进一步受热分解为氢化焦炭，分解过程如图 2.1 所示。

碳化后的聚合物绝缘材料极易燃烧，而燃烧导致的高温会使得电弧更加容易产生，电弧在受电磁力驱动迁移过程中会使得破坏范围进一步扩大。

2. 空气介质击穿电弧

当绝缘材质失效致使导体直接或间接暴露在空气当中时，若此时电极间的电场强度大于气体介质的击穿场强则会导致间隙间产生放电。环境参数会显著改变空气的绝缘特性，尤其在低气压和高温环境下，气体击穿场强会大幅度下降，故障电弧更加容易形成。当间隙被击穿且电源功率足够维持放电的情况下，等离子体会由于热量作用快速从流注放电过渡到电弧放电。目前关于电弧形成的过渡机理并不明确，其过渡过程也并不唯一。

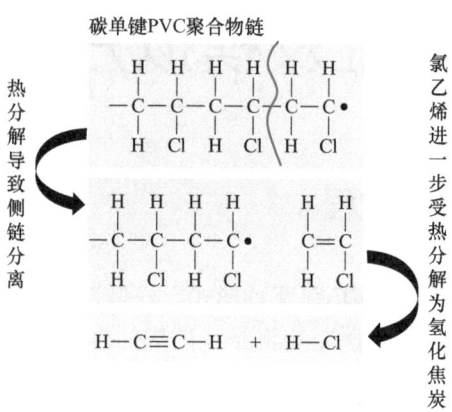

图 2.1 PVC 聚合物绝缘材质碳化过程

依据流注理论，在初始阶段，气体放电以碰撞电离和电子崩的形式出现，但当电子崩发展到一定程度后，某一初始电子崩的头部聚集到足够数量的空间电荷，就会引起新的强烈电离和二次电子崩，这种强烈的电离和二次电子崩是由于空间电荷使局部电场大大增强以及发生光电离的结果，此时放电转入新的流注阶段。以正流注为例，初崩头部放出的光子在崩头前方和崩尾后方引起空间光电离并形成二次电子崩和初崩会合，二次电子崩和初崩通道一同形成了导电的等离子体通道，一旦等离子通道击穿了整个电极间隙，当外加功率足够的情况下会立刻转为电弧放电。

在常温常压下，对针-板电极施加+5kV 的电压，通过等离子仿真观察气体击穿过程，仿真采用旋转对称结构，如图 2.2a 所示。

其中击穿过程的电子数密度分布如图 2.2b～d 所示，首先由于电极尖端电场较高且处于不均匀状态，因此在电极表面覆盖了一层正电晕放电，如图 2.2b 所示。伴随着施加电压随着上升沿不断增加，放电由电晕向流注转化。光电离作用不断在电子崩头提供种子电荷并维持正流注向阴极发展，如图 2.2c 所示。如果电场强度足够高使得电离系数足够大，足以维持流注贯穿整个间隙则完成了击穿，如图 2.2d 所示。在击穿的瞬间，间隙的电阻迅速减小，电流也因此急剧增加。此时,电流产生的热量剧烈增大反作用于放电本身，碰撞电离和光电离的贡献下降，热电离开始在放电过程中占据主导地位，放电阶段迅速转变成火花放电。如果在电源能够提供足够的大功率的情况下，流注在击穿后会立刻过渡到电弧放电，

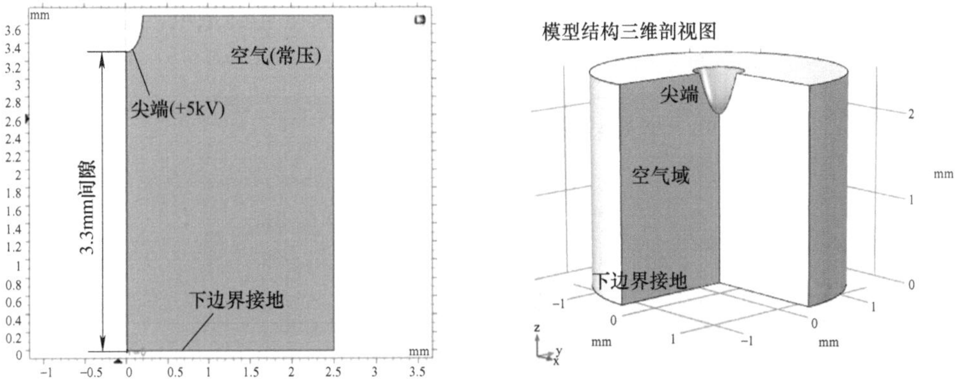

a) 针-板电极放电仿真结构

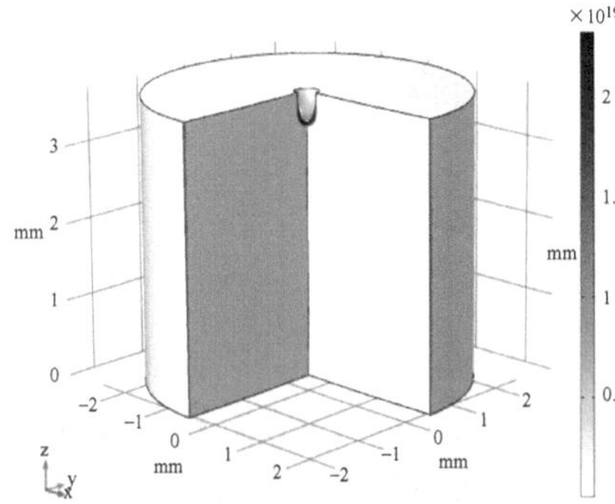

b) 放电初始阶段正电晕形成

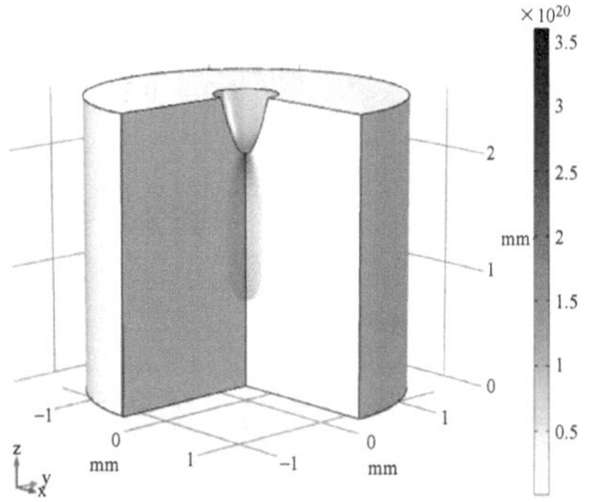

c) 流注放电发展阶段

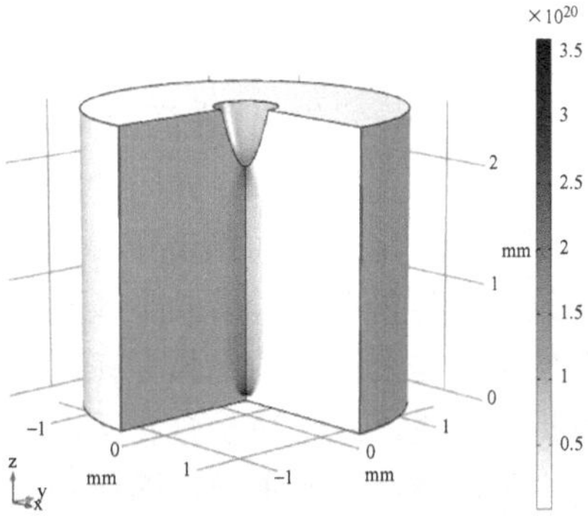

d) 流注贯穿间隙完成击穿

图 2.2　空气击穿过程仿真示意图

并开始释放大量热量，电弧故障就此产生。不同阶段的放电可以通过图 2.3 中放电的电流来观测，首先第一个阶段会有电晕产生的脉冲电流，之后电流下降维持一定水平，过渡到流注放电。在击穿的瞬间电流桥接了阴极和阳极，此时电流陡然增加，瞬间从 0.2A 急剧增加到 3A，此时则达到了火花/电弧放电，电弧故障就此形成。

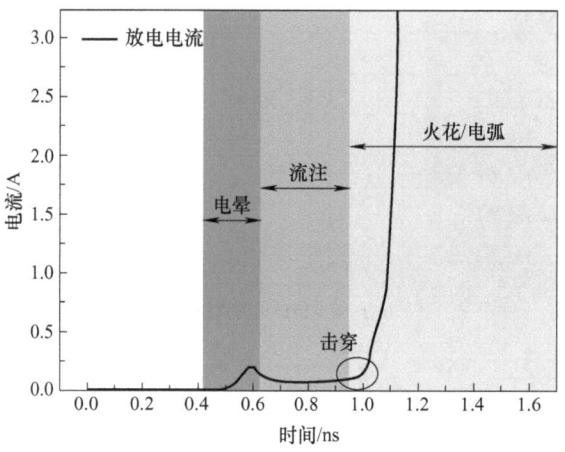

图 2.3　空气介质击穿过程电流变化

3. 电接触电弧

电接触电弧指两通电连接导体在分合过程中间隙间产生的电弧，和断路器合分闸产生的电弧类似，在连接器、电缆连接端子等电气连接端面之间产生松动的情况下，接触导体从正常闭合位置开始向断开的方向进行运动，因接触力逐渐减小，实际接触面和导电面的面积减小，接触电阻相应增加。在接触面分离前的瞬间，欧姆热量几乎全部施加在最后离开点的一个极小的金属面上，该位置金属温度迅速上升到金属的沸点面引起爆炸式气化。在间隙充满高温金属蒸汽的情况下，触头间由于热击穿形成电弧。而在金属接触导体闭合的过程中电弧形成过程则存在两种形式[84]：①触头间隙缩短，电极之间预击穿形成电弧直到触头闭合。②闭合过程中产生预击穿，导致金属材料蒸发，借助金属蒸汽形成液态接触并熄灭电弧。实际上电接触电弧在性质上与上述两种电弧存在区别，因为此类电弧在初始分离时刻形成的金属液桥折断产生，此时属于金属蒸汽态电弧，此时电弧输运特性、热力学特性等特征均由金属蒸汽介质主导，而伴随着电弧和气体的扩散，电弧开始向气体阶段过渡，直到由周围气体介质主导。上述在电极分离过程中电弧产生电弧的过程如图 2.4 所示。

如图 2.5 所示，实际两铜端子从接触到拉开的电压波形可以观察到这一现象：在两电极拉开的瞬间，金属液桥折断，电弧在金属蒸汽之中产生，此时电弧弧根处于稳定状态，电弧电压稳定在 18V 左右。这种状态维持了 5.2μs。然而伴随着电极的移动，由于电极间距的增加以及电弧本身的热对流和扩散作用，金属蒸汽浓度逐渐减低并不再占电弧组分主导，电弧由金属相转变为气相的空气电弧。此时，电弧电压有个显著的跳变，从18V变为36V。

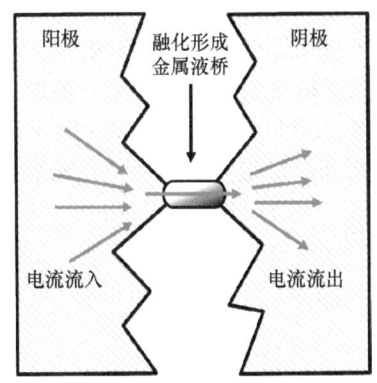 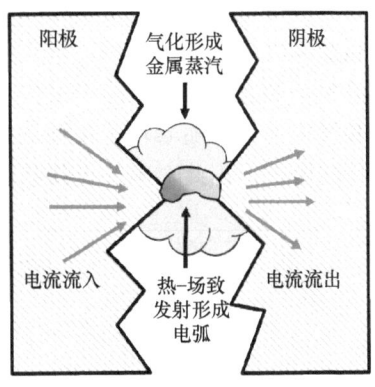

a) 电极分离运动直至最后一个接触点，电流收缩释放大量的欧姆热，融化金属形成金属液桥

b) 金属液桥折断并蒸发成金属蒸汽，此时电弧由于热-场致发射产生

图 2.4 接触电极分离形成电弧示意图

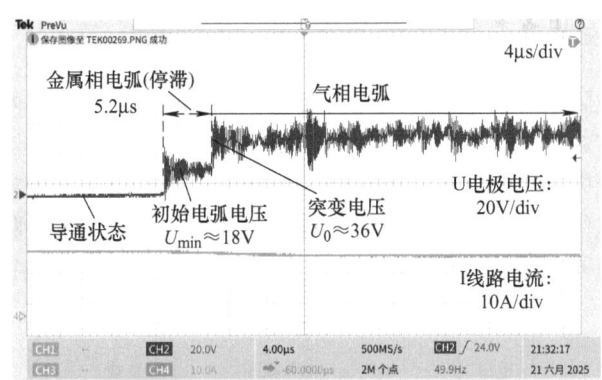

图 2.5 电弧起弧阶段电压波形图

2.2 电弧故障类型

按照电弧在电气系统中产生的位置，故障电弧又可以分为串联电弧、并联电弧以及接地电弧。

1. 串联电弧故障

串联电弧一般由于单根线路上的接触不良或接线端子松动引起，其等效电路如图 2.6 所示。在串联电弧发生位置由于接触电阻的增大会导致压降增大，故障初始阶压降在 1V 以下，伴随着接触电阻的进一步增加会导致接触点金属导体的融化，直至故障电弧产生。串联电弧故障相当于在线路中引入了阻抗，因此发生串联电弧故障时线路的电流相比于正常情况下有所降低，从而导致传统的熔丝和断路器等保护装置难以在线路中发生串联电弧故障时起到防护作用。而串联电弧的产生和消失通常伴随着端子接触状态而改变，因此具有很强的随机性并易受到工作条件的影响，因此对串联电弧故障的检测具有很强的挑战性，是本书研究的重点。

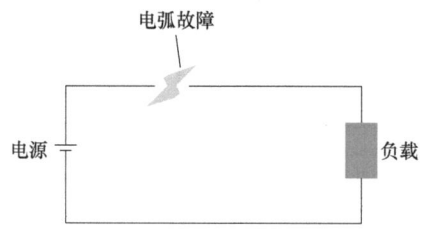

图 2.6　串联电弧故障等效电路图

2. 并联电弧故障

并联电弧故障的等效电路如图 2.7 所示，并联电弧是发生在两导体间的电弧放电现象。通常由于绝缘的长期老化、磨损或切割造成两电缆导体外露导致的电弧故障。当系统中发生并联电弧故障时，同样会产生足以引发火灾的高温，但并联电弧故障的发生往往伴随着线路中的过电流。因此，相比于串联电弧故障，传统的熔丝和断路器等保护装置更容易对并联电弧故障起到保护作用。

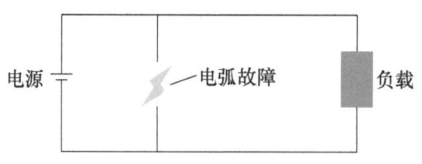

图 2.7　并联电弧故障等效电路图

3. 接地电弧故障

接地电弧故障的等效电路如图 2.8 所示，接地电弧故障发生在绝缘遭到损坏的电缆与地之间，或发生在电缆与系统外壳之间。仅在具有接地回路的系统中才存在发生接地电弧的可能性，例如在飞机中，飞机的外壳相当于地线，接地电弧发生在电缆与飞机外壳之间。

第 2 章　直流电弧的物理特性及模拟方法

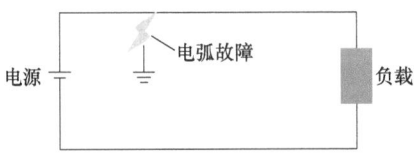

图 2.8　接地电弧故障等效电路图

2.3　电弧故障高频信号产生原理

电弧高频信号是目前进行电弧检测的最为有效的特征，Wendl、Smeets 等学者对电弧高频信号进行了大量的实验研究发现，电弧的噪声波动是一种电压波动，并且可以表征为 $1/f$ 噪声（闪烁噪声、粉红噪声），高频噪声幅值随着电流的增加呈现下降趋势[85]，这些特性与阴极斑点的运动和消散特性保持了同步性[86]。因此，电弧高频噪声主要来源其阴极区域的微观运动过程。对于最为常见的铜电极而言，可以观察阴极表面在电弧产生的同时存在着大量小面积的斑点。每个斑点彼此靠近，这些小发射点处于连续、无规则的运动，且仅存在极短的时间且在消失之后又在其他邻近位置出现。这些现象被证实可以产生 10^9 Hz 的高频信号，且阴极表面会产生电压的高频振荡。因此，对电弧高频噪声产生机理的研究本质上是对阴极表面斑点或是鞘层区域的研究。

在阴极表面会由于电子和离子的聚集而形成鞘层区域，如图 2.9 所示，其厚度约为德拜半径的几倍。根据电极材料的不同。电子可以通过热电子发射、场致发射，或是二者的组合发射产生运动，也可以在鞘层区域由于中性粒子的光电离而产生。对于铜电极而言，尽管在场致热发射（T-F emission）作用下 Richardson 系数基本可以达到 120A/(cm^2·℃)，然而依旧无法支持全部的电弧电流[87]，因此铜电极需要通过另一种机制产生电子，可能是金属蒸汽中的光电离、鞘层的局部击穿或是离子轰击造成的二次电子发射。电极表面并非绝对光滑，而是在微观下呈现类似山峰连绵突起的"分形结构"，这些微突起结构会产生局部的加热和气化，从而形成一个动态、多相的阴极表面。

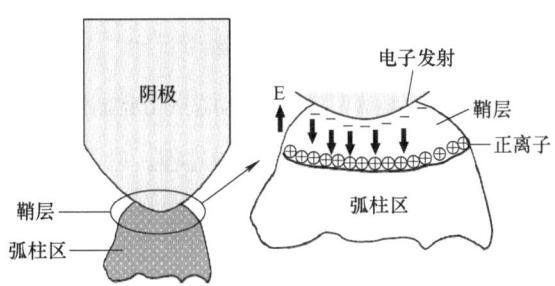

图 2.9　电弧阴极鞘层区域示意图

图 2.10 为电弧阴极鞘层区动态变化示意图。微观层面,阴极的表面呈凹凸不平的粗糙状态。电子由阴极表面的不同发射点向等离子体弧柱移动。阴极的鞘层是连接等离子体弧柱和阴极表层的区域。

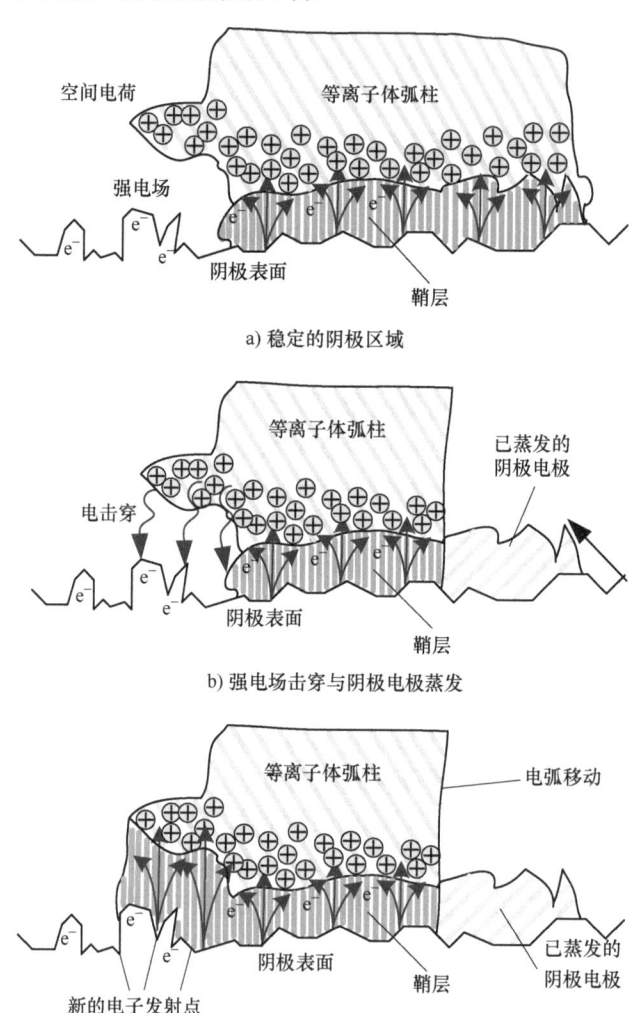

图 2.10　电弧阴极鞘层区动态变化示意图

图 2.10a、b 完整地展现了鞘层动态变化的过程。以上分析表面,电弧等离子体的电气噪声产生的主因为阴极表层附近鞘层区的收缩、扩张与移动,而鞘层区的这一动态变化的强弱和阴极表面形状、电流的变化有关。电缆的振动以及电力电子非线性负载的高频开关工作状态都会削弱等离子体弧柱的稳定性并促进鞘层

区的随机动态变化。

在电场力的驱动下，等离子体弧柱中靠近阴极表面的部分聚集着大量带正电荷的离子，从而在阴极表面区域产生高电位梯度并驱使正电荷离子向阴极方向运动。在持续燃弧过程中，当高电流密度和低蒸发温度两种性质同时存在于阴极表面时，阴极表面的部分鞘层会发生瞬间蒸发的现象，而蒸发区域的电子发射点也随之消失[85]。但在等离子体弧柱产生的高温以及正离子区域强电场的双重作用下，阴极表面的靠近等离子弧柱的位置附近的金属蒸汽混合物会被击穿，被击穿的区域会产生大量的射频信号并促进阴极表面区域新的电子发射点的建立。新的电子发生点产生的电子向等离子体弧柱移动从而形成了新的鞘层区。

在电流信号中，电弧的噪声主要反映在高频部分。发生电弧故障时，电流信号高频成分时域波形的幅值相比于正常情况明显增大，呈现出无序的波动。且电弧故障情况下电流信号高频成分的频域能量高于正常情况，表明了电弧故障情况下电流信号高频噪声成分的增强。除此之外，随着电弧电流增大，其弧柱根部范围也会变大，这意味着在范围更大的鞘层区域中，会存在着更多电子发射点。而电弧的热量会导致具有分形结构的阴极表面凸起融化产生蒸气射流，同时金属蒸汽射流会致使气化发射点的熄灭并产生新的发射点。因此从宏观角度看，电流大小的变化会显著造成电流频谱的偏移，这也解释了 Wendl 等学者的实验结论。

综上所述，电弧是一种等离子体放电现象，其中包含了复杂的物理、化学机制，并涉及了物质特性、磁场分布以及热场分布的变化，是一个快速时变、具有高度非线性的过程。电弧的高频特性要是由于等离子体弧柱与阴极表面之间鞘层的动态变化引起，并且相变、气流等多种复杂因素会导致电极间等离子体结构不断改变。电弧的随机性在电流信号中表现为时域的随机波动性增加以及频域中高频成分能量的增强。本章通过电弧随机性的微观机制的分析更深入地解了电弧的特性，对研究电弧故障建模、检测方法提供了理论依据并指明了方向。

2.4 直流电弧故障机理分析

2.4.1 直流电弧温度场分布

高温是故障电弧最关键的特征，也正因为电弧属于热等离子体，在实际中很难对于电弧的温度进行直接测量。伴随着等离子体物理技术的发展，电弧输运系数已经可以较为准确的计算，因此磁流体动力学（magnetohydrodynamics，MHD）对局部热平衡状态下的等离子的模拟得到了大量应用，现已近是一项成熟的技术方法，在断路器电弧、弓网电弧的建模分析中得到了大量的应用。故在本书中基于 MHD 构建了仿真模型对电弧的物理场进行模拟。

图 2.11 为直流电弧的温度场等值线分布情况，其中四个分图分别是当电流为 5A、10A、15A、20A 时，电极间距为 2mm 时的直流电路所产生电弧的温度分布图。从图中我们可以简单看出电弧弧柱区域为温度最高值区域，这是由于弧柱内部存在粒子的碰撞和运动，是主要的热量源。由于弧根部直接接触阴极和阳极，在传导传热的过程下，电极表面同样较高。而在弧柱外部的空气域中，电弧收到传导、对流和辐射的传热，沿着弧住区域向外扩散降低。

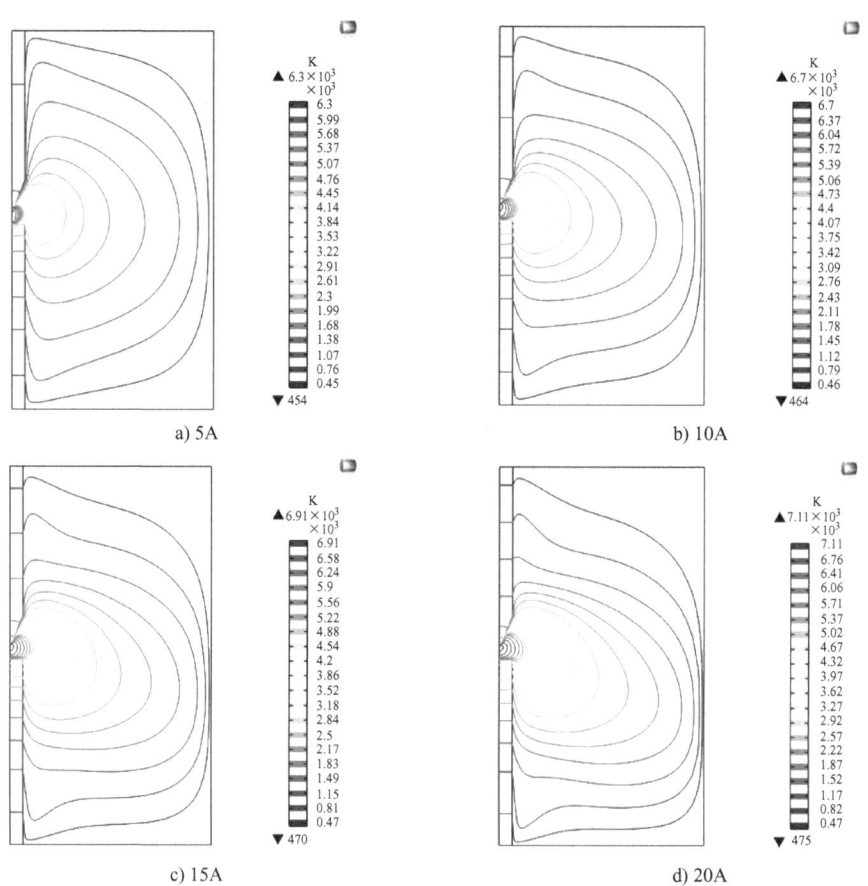

图 2.11　不同电流直流电弧温度场等值线分布情况（见彩插）

图 2.12 是不同电流下电极间距为 2mm 的电弧温度幅值。从图中可以看出随着电流从 5A 提升到 20A，电弧温度由 6300K 增加到 7110K。在相同的电极间距下，更高的电弧电流意味着更大的电弧功率，这不仅让电弧温度提高也同时导致了电弧半径的扩张。

第 2 章　直流电弧的物理特性及模拟方法

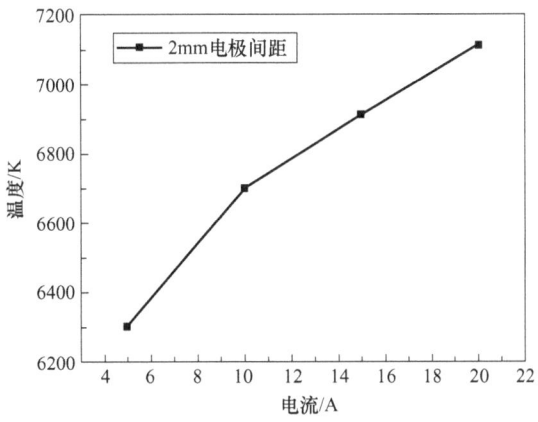

图 2.12　不同电流下电极间距为 2mm 的电弧温度幅值

图 2.13 为不同电极间距下直流电弧的温度场分布情况，三个分图分别是电极间距为 2mm、3mm、4mm 时，电流为 10A 时的直流电路所产生电弧的温度场等值分布图。和之前的分析类似，弧柱区域温度最高。除此之外，由于电极间距的增加，电弧弧柱也被拉长。

以 10A 电流下的电弧为分析案例，如图 2.14 所示。伴随着电极间距的增大电弧的功率也在不断地增加，从 2mm 下的 256W 上升到 4mm 下的 296W，这主要是电弧的电压增加所造成的，电弧需要更多的能量维持更长的等离子体通道。但是从最大的温度来看反而有略微降低，从 6700K 降低到了 6490K。由于电弧弧柱的增长，意味着电弧与空气的接触面也在增加，传导、对流辐射三种散热功率都会增加，这加速了电弧的散热。除此之外，从温度范围来看，4mm 下的最大温度范围显然大于 3mm 和 2mm，因此从这个角度来看电弧电离的区域更大，沉积能量越高。

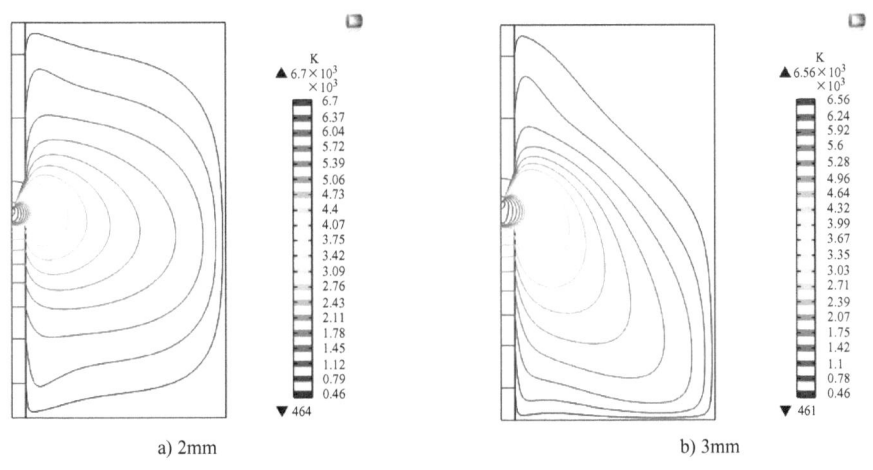

a) 2mm　　　　　　　　　　　　　　b) 3mm

图 2.13　不同电极间距直流电弧温度场分布情况（见彩插）

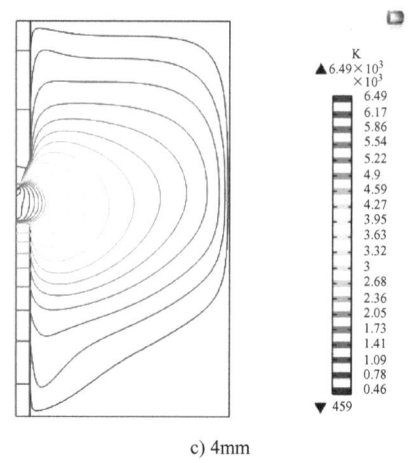

c) 4mm

图 2.13 不同电极间距直流电弧温度场分布情况（续）（见彩插）

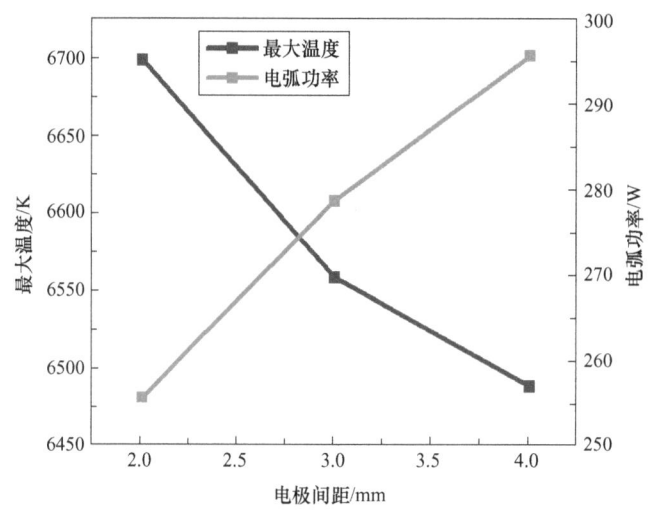

图 2.14 不同电极间距下最大温度和电弧功率变化图

2.4.2 直流电弧电场分布

图 2.15 是直流电弧的电场分布情况，四个分图分别是电流为 5A、10A、15A、20A 时，电极间距为 2mm 时的直流电路所产生电弧的电场分布图。从图中可以看出电弧中电场的分布不均匀，和电极形状和等离子体的分布有关。并且在阴极区与阳极区（靠近电极区域）的电场值较高，但是在弧柱区由于电弧压降并不大，约为 25~30V 之间，因此电弧内部电场值较小。

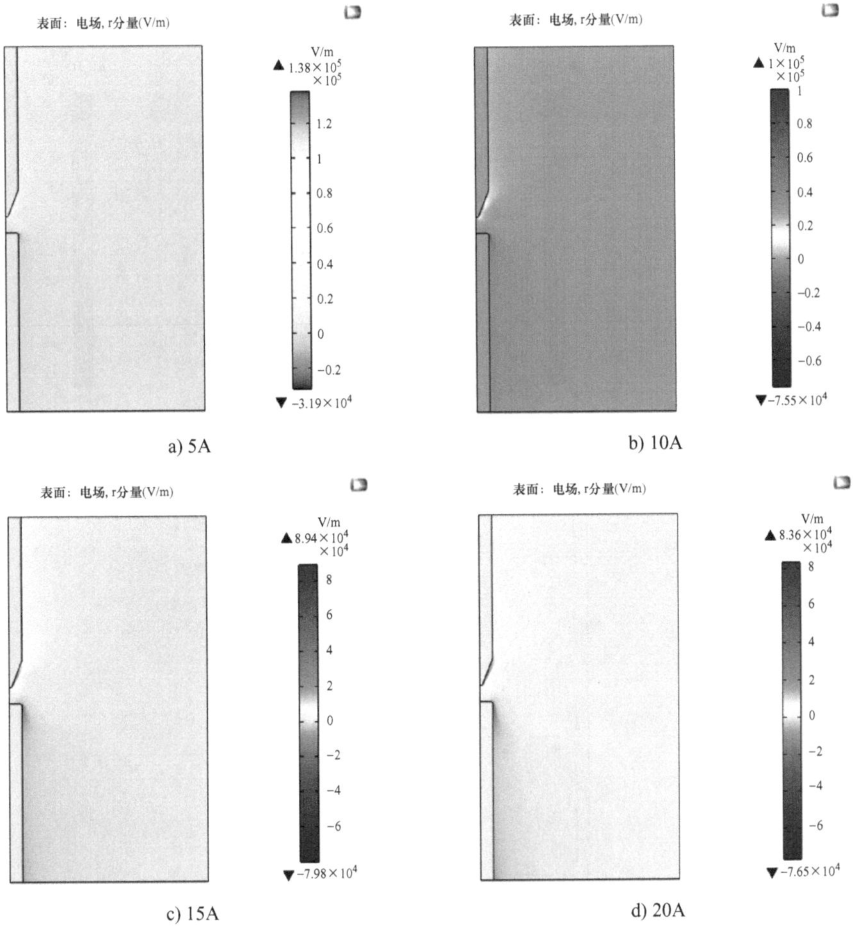

a) 5A   b) 10A

c) 15A   d) 20A

图 2.15　直流电弧的电场分布情况（见彩插）

针对不同电极间距下电弧电场强度分布做进一步分析，如图 2.16 所示。

图 2.16 为不同电极间距下直流电弧的电场分布情况，三个分图分别是电极间距为 2mm、3mm、4mm 时，电流为 10A 时的直流电路所产生电弧的电场分布图。从图中可以看出电场强度较高的地方集中于电极中心两侧，弧柱处的电场强度较低。电极间距的改变总体来说对电场分部特性影响不大，高场强区域仍然集中在阳极未和等离子体接触的表面。为了直观地体现电弧的电场数值特性，在图 2.17 中展示了不同电流、不同间距下的电场峰值。

显然伴随着电极间距的增加，电场强度也得到了一定程度的提升，这主要是由于电弧的压降增大所导致。而在电弧较小为 5A 时要显著大于 10A、15A、20A 下的最大场强。这可以用等离子体的电导率来解释：对于空气热等离子体，其介质电导率为温度的函数，如图 2.18 所示。

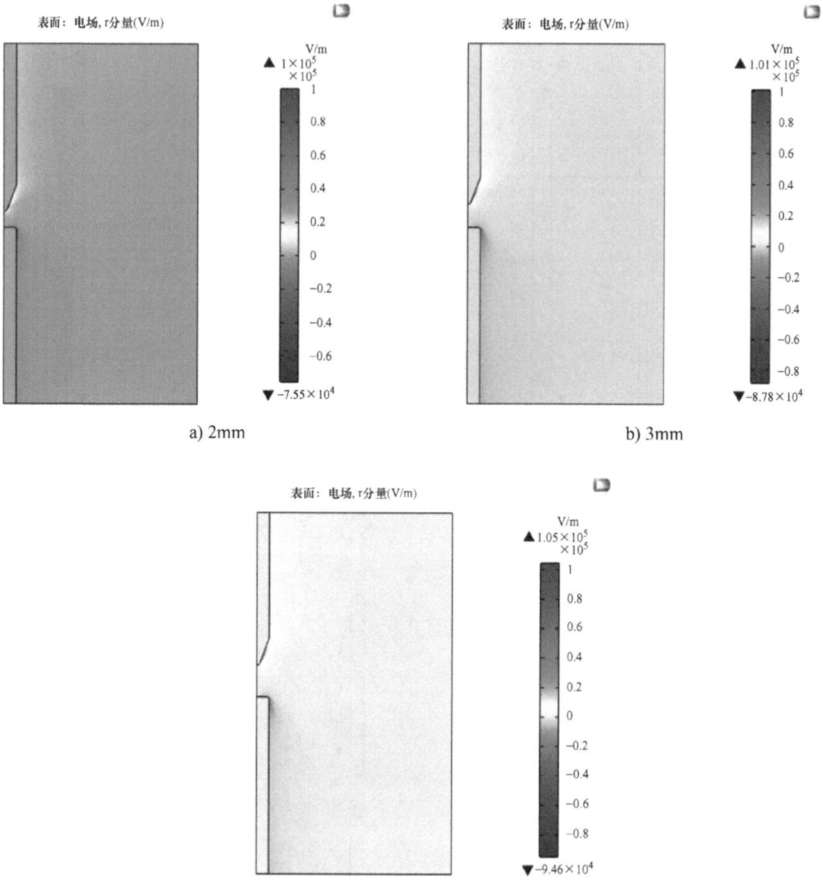

a) 2mm

b) 3mm

c) 4mm

图 2.16　不同电极间距电弧电场强度分布情况（见彩插）

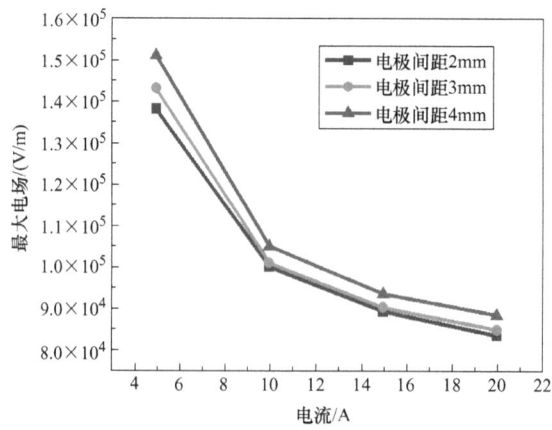

图 2.17　不同电极间距直流电弧电场分布幅值

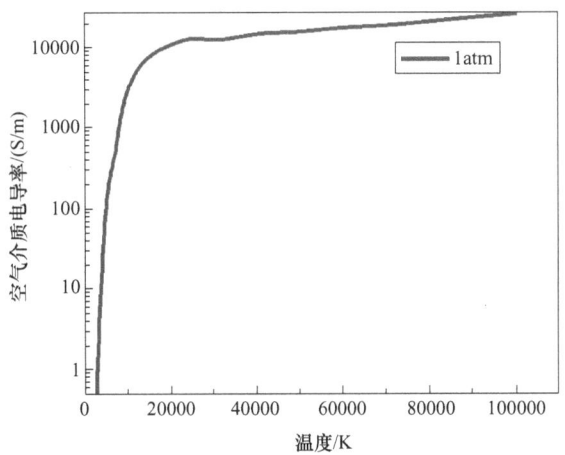

图 2.18 空气介质电导率

随着电弧电流的增大，其温度也必然上升，由此导致了空气的电离程度的增加。从宏观上来看就是空气电导率的增加。因此在电极间距不变的情况下，电弧电阻必然下降，由此导致电极两端的电压下降和电场强度下降。

2.5 电弧故障模拟方法

2.5.1 标准分析

1. UL1699

美国标准 UL1699《电弧故障断路器安全标准》适用于 120V、60Hz 交流系统，电流小于 30A，其 42.1.3 节中规定，在进行串行电弧故障实验时，要使用电弧发生器作为模拟交流电弧故障的实验装置，同时规定了该装置的相关要求。电弧发生器实验测试要求如下：

1）本试验应使用电弧发生器进行。

2）电弧发生器包含一个固定电极和一个移动电极，如图 2.19 所示。

3）一个电极由炭制成，另一个电极由铜制成，直径 6.4mm。移动电极的一端为尖的，见图 2.19。

4）电弧发生器实验电路如图 2.20 所示，电弧发生器和负载串联，进行三次试验。

5）实验开始时，两个电极相互接触，电路闭合。然后两个电极缓慢分离直至产生电弧。

6）记录实验数据。

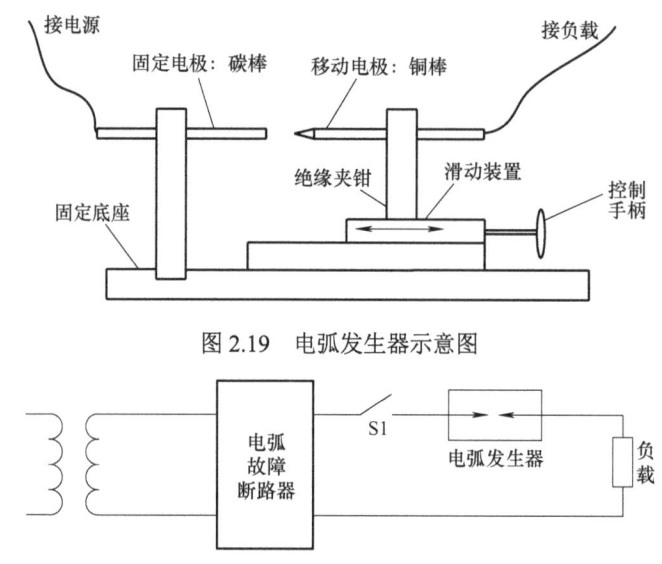

图 2.19　电弧发生器示意图

图 2.20　电弧发生器实验电路图

2. UL1699B

美国标准 UL1699B《光伏直流电弧故障电路保护安全标准》适用于电压 1000V 以内的光伏直流系统，其 23.3 节和 23.4 节中规定，在进行串行和并行电弧故障检测实验时，要使用电弧发生器作为直流电弧实验装置，并规定了相应的要求。图 2.21 所示为该装置的结构示意图，UL1699B 中关于该装置的具体要求如下所示：

1）一个固定电极和一个移动电极均由固体铜制成，使用一个横向滑动装置改变滑动电极的位置，使得两个电极之间保持指定的间隙。

2）在电极上套上一个透明的聚碳酸酯管，管的直径略大于电极的直径。

3）在聚碳酸酯管内放有一小撮钢丝绒，该钢丝绒恰好能够在电极之间连接间隙，并在加上试验电压后触发电弧。

此外，国家标准 GB 14287—2014《电气火灾监控系统》6.3.4 节中规定，负载抑制性试验中，串行电弧需要使用电弧发生器作为电弧实验装置。国标 GB 14287 中规定的电弧发生器与美国标准 UL1699B 中规定的装置基本相似，区别在于不安装聚碳酸酯管与钢丝绒，且电极材料换为一个电极为铜，一个电极为炭。

第2章 直流电弧的物理特性及模拟方法

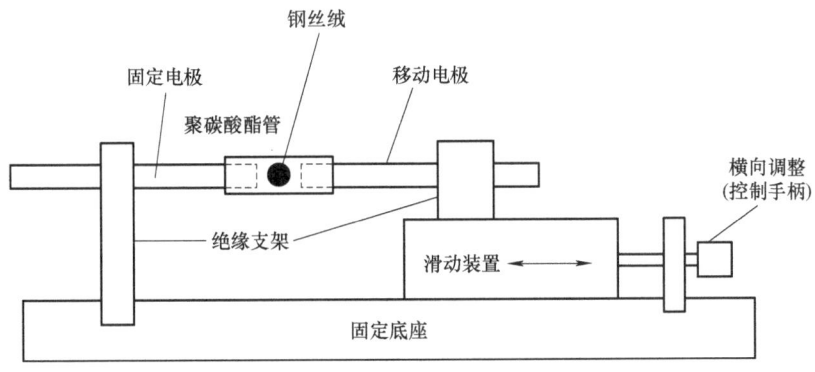

图2.21 电弧发生器示意图（UL1699B）

UL1699B中规定，采用指定电弧发生器模拟串行和并行电弧时，需要满足表2.1 UL1699B对电弧放电实验的要求中指定的电弧功率要求。其中，电弧电流可以有±20%的变化范围，电弧功率可以有±10%的变化范围。

表2.1 UL1699B对电弧放电实验的要求

电弧电流/A	电弧电压/V	平均电弧功率/W	电极距离/mm
7	43	300	1.6
7	71	500	4.8
14	46	650	3.2
14	64	900	6.4

3. SAE AS6019

美国机动车工程师协会标准SAE AS6019《ARC故障断路器（AFCB）、飞机，无跳闸直流28V》4.7.7.6.1节闸刀测试中规定，在进行并行电弧故障检测实验时，要使用闸刀装置作为直流电弧的实验装置，同时规定了该实验装置的要求。图2.22是该装置的结构示意图，标准中关于该装置的具体要求如下：

1）在闸刀装置的杠杆臂上安装一段锋利的刀片。

2）可以选择使用两根导线模拟并行电弧，旋转杠杆臂，使刀片能够与一根线点接触，一根线可靠接触。

3）也可以选择单根导线模拟并行电弧中的特殊情况：接地电弧。将地线与刀片相连，旋转杠杆臂，使刀片能够与导线点接触。

此外，SAE AS6019中规定，闸刀装置产生的电弧电压范围为8～20V，当电流超过额定电流5次并且时间超过100μs时，计做一个电弧事件。在100ms的滑动窗口内，出现20个以上的独立电弧事件或存在10ms的连续电弧事件时，判定发生了电弧故障。

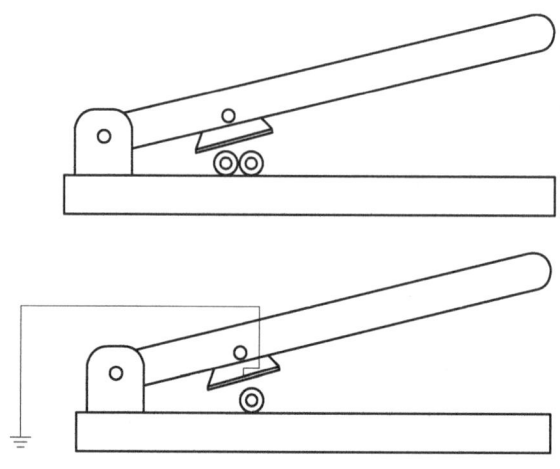

图 2.22 闸刀装置示意图

SAE AS5692（详见后文）中 4.7.7.6.1 节定义了闸刀测试的结果，如图 2.23 所示，若电弧半周期数小于 8 个，被测设备动作则通过测试；若电弧半周期数大于等于 8 个但 100ms 时间内电弧半周期数小于 8 个，被测设备动作则通过测试；若电弧半周期数大于等于 8 个且 100ms 时间内电弧半周期数大于等于 8 个，但被测设备在第 8 个电弧半周期出现后 2.5ms 内动作则通过测试。

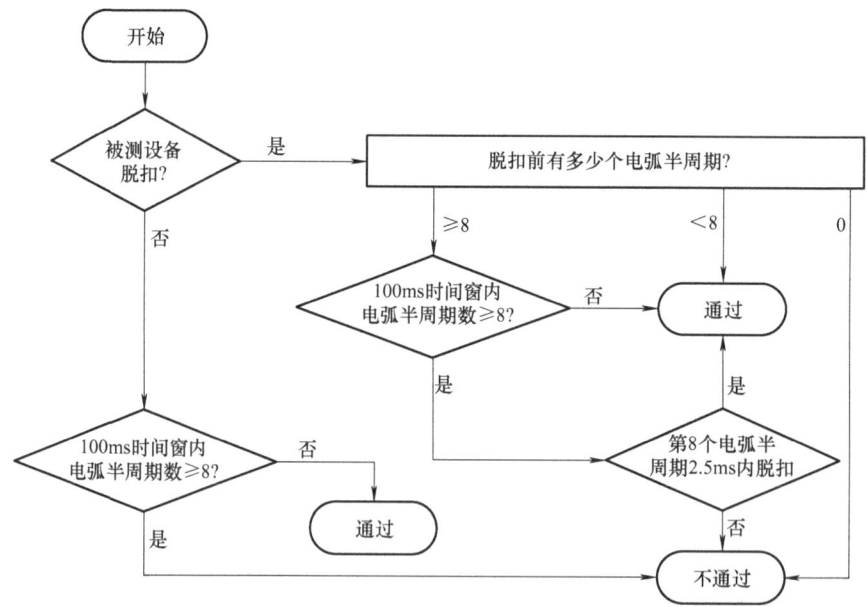

图 2.23 闸刀测试流程图

4. SAE AS5692

SAE AS5692 标准适用于航空 115V、400Hz 恒频交流系统，其中提到的振动实验又叫接线松动实验，是因为在航空电气系统中，由于振动的工作环境导致连接松动，往往引起串行故障电弧的发生。图 2.24 所示为 SAE AS5692 中给出的实验装置示意图，图 2.24a 是实验装置的俯视图，图 2.24b 是虚线圈出部分的局部放大主视图。整个实验装置由螺栓、螺母、固定夹、底板、振动台等组成。底板上装有 5 个等间距的螺栓，导线通过接线端子将相邻的两个螺栓连接在一起，位于上下两端的螺栓用导线接入电路中。螺母的作用是防止接线端子在振动时飞离螺栓，导致电路断开，此外，螺母不能拧紧，要保证同一个螺栓上的两个接线端子能够活动。底板放置在振动台上，振动台用于模拟一个真实振动的工作环境，固定夹将导线悬挂的部分固定住，并远离振动台一段距离，防止振动过程中导线缠绕在一起。

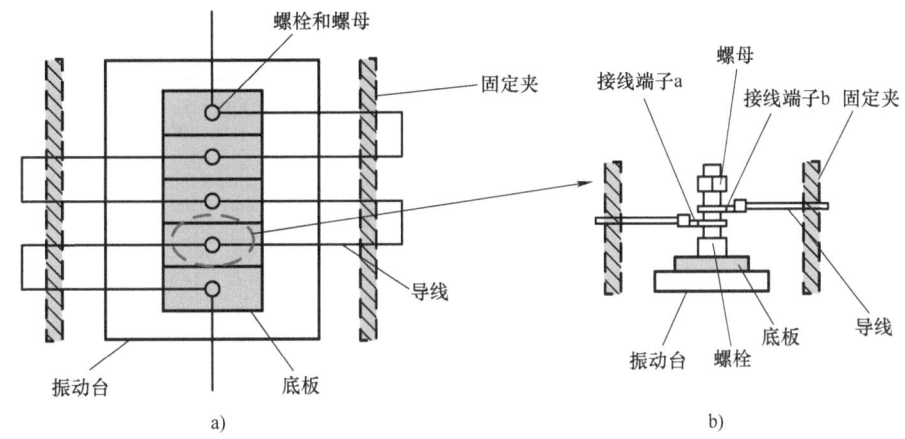

图 2.24 振动实验装置示意图

SAE AS5692 标准 4.7.7.6.3 节中对接线端松动测试要求进行了规定。准备 12in⊖ 长的 16AWG 导线，导线两端安装接线端子。使用螺柱将端子板固定在振动台台面上。连接跳线如图 2.24 所示，使得跳线串联。在每个螺柱上安装一个自锁螺母（这些螺母只是用来确保接线端子振动时不脱离螺柱），不能拧得太紧。接线端子必须保持松动，使得振动时发生间歇性的接触。跳线悬挂的部分必须夹在一个固定的表面上以确保接线端子和螺柱不靠在一起。这些夹子应该间隔大概 10in，与振动台完全分离。该测试能够模拟由于接线端松动引起的电弧故障。

⊖ 1in=25.4mm。

系统中接入阻性负载使得线路电流为被测设备额定电流。加电然后核实是否有电流流过。按照图 2.25 定义的功率谱密度（power spectral density，PSD）曲线振动，持续时间不超过 5min 或者直到被测设备动作。如果没有电弧故障，关闭振动台，切断电源，重新设置跳线（确保接线端子相对于螺柱能够自由运动），加电，启动振动台，然后检查是否有电弧。被测设备可能在测试过程的任意时刻动作，但必须在 5min 之内动作。为了使危害最小化，每次测试的时间不应超过 5min。每次测试都需要更换跳线和端子板。

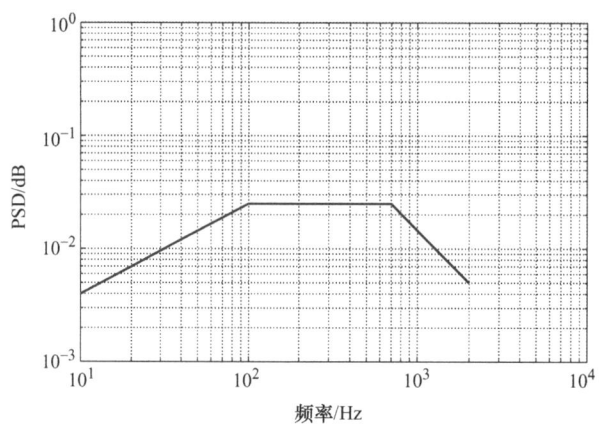

图 2.25 功率谱密度曲线

2.5.2 电弧发生装置

1. 铜碳棒电弧发生器

图 2.21 中，电弧发生器包含有固定电极、移动电极、聚碳酸酯管、钢丝绒、横向滑动装置、固定底座、绝缘支架等。通常采用手动的方式移动横向滑动装置，使固定电极与移动电极间隔至指定距离，但这种试验方式操作复杂、电弧弧长难以精确控制、电弧拉弧速度难以控制、手动拉弧较危险。因此，需要在标准的基础上进行改进，设计一种电动式精确的电弧发生器。

根据上述要求与分析，研制了如图 2.26 所示的铜碳棒电弧发生器。

该铜碳棒电弧发生器具有以下性能：

1）电极可以根据需要选择 6mm 直径的铜棒和碳棒，电弧发生器能够较方便地更换电极耗材。

2）装置通流能力最大可达 100A，输入电压可达 1000V。

3）电弧发生器外围安装有一个可拆卸透明保护罩，保护罩上端可以打开。

4）能够通过控制一个步进电动机进行拉弧，拉弧速度和拉弧距离可控。

5）电动机的最大行程为 100mm，动作精度为 10μm。

6）光栅能够实时反馈当前电极的位置。

7）自动识别并记录两个电极恰好接触时的初始位置。

8）铜碳棒电弧发生器通过 RS-232 串口与上位机进行远程控制及接收反馈信号。

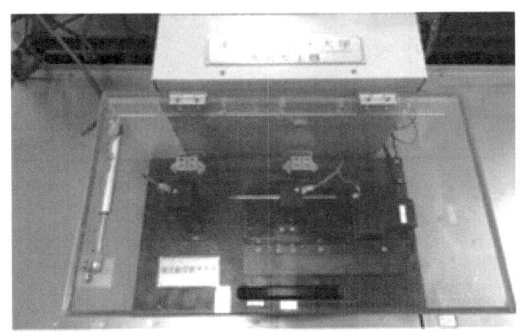

图 2.26　铜碳棒电弧发生器实物图（见彩插）

图 2.27 所示为串行电弧故障实验电路图，电源为可编程直流源。实验前先断开接触器，铜碳棒电弧发生器自动识别并移动至两个电极恰好接触时的位置。实验时，闭合接触器，上位机发出控制指令，使得铜碳棒电弧发生器移动至指定弧长的位置处，产生电弧。

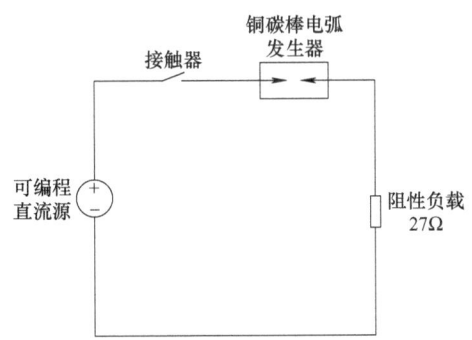

图 2.27　串行电弧故障实验电路图

图 2.28 所示为 270V，10A 电流条件下串行电弧故障的实验波形，从图 2.28 中可以看出，当发生串行电弧故障后，电弧电流迅速下降，并在一定区间内不断振荡，而电弧电压则迅速上升，并在一定区间内不断振荡。由此可见，铜碳棒电弧发生器能够模拟产生稳定的电弧，电弧具有很强的随机性。

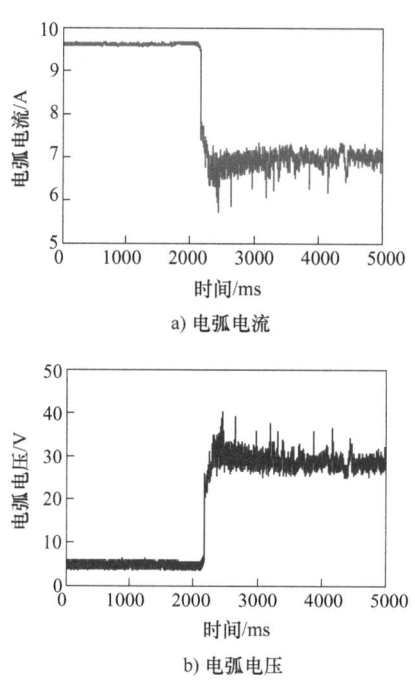

a) 电弧电流

b) 电弧电压

图 2.28 铜碳棒电弧发生器实验波形图

表 2.2 列出了铜碳棒电弧发生器发生电弧后，电弧发生器两端的电压、电流和功率，从表中可以看出，与 UL1699B 相比，该电弧发生器产生的电弧电流误差在±20%以内，电弧功率误差在±10%以内，所以可以认为该电弧发生器满足标准要求，可以模拟真实的电弧。

表 2.2 铜碳棒电弧发生器输出电压、电流、功率统计

电极距离/mm	电弧电流实验值/A	电弧电流实验值与标准规定值的误差	电弧电压实验值/V	电弧功率实验值/W	电弧功率（标准规定）/W	电弧功率实验值与标准规定值的误差
1.6	6.7	4.3%	41	274.7	300	8.4%
4.8	6.8	2.9%	76	516.8	500	3.4%
3.2	14	0%	46	644	650	0.9%
6.4	14.3	2.1%	65	929.5	900	3.3%

2. 闸刀电弧发生装置

SAE AS6019 中规定，闸刀装置产生的电弧电压范围为 8~20V，当电流超过额定电流 5 次并且时间超过 100μs 时，计做一个电弧事件。在 100ms 的滑动窗口内，出现 20 个以上的独立电弧事件或存在 10ms 的连续电弧事件时，判定发生了电弧故障。

图 2.29 中，闸刀装置包含了杠杆臂、刀片、导线、底座和旋转装置等。该操作方式精确控制旋转的角度，使得刀片恰好能够与一根导线点接触，因此，实验时通常是手动控制杠杆臂，并多次尝试实验，以产生满足要求的电弧。这种方式操作性差、不可控因素太多、实验结果与实验员自身素质密切相关，因此需要对其进行改造，设计电动的闸刀电弧发生装置。

根据上述要求与分析，研制了如图 2.29 所示的电动闸刀电弧发生装置。

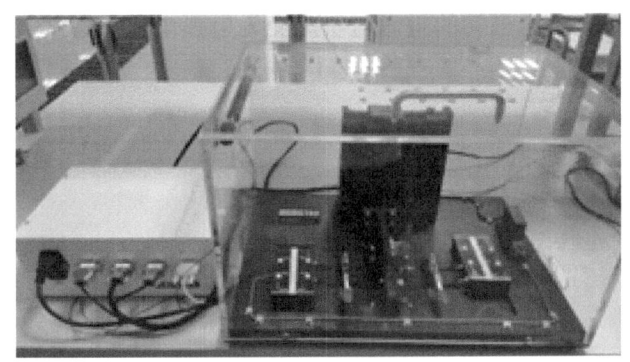

图 2.29 电动闸刀电弧发生装置实物图（见彩插）

该电动闸刀电弧发生装置具有以下性能：

1）由步进电动机控制升降架于 Z 轴进行垂直运动，刀片以可调的角度固定于升降架上；

2）Z 轴安装有光栅，能实时反馈当前升降架的位置；

3）导线、刀片可拆卸更换；

4）具有透明可开盖外壳保护；

5）装置通流能力最大可达 150A，输入电压可达 1000V；

6）上位机能够控制电极移动的距离、移动速度，读取当前升降架位置；

7）上位机可以自动调整位置使导线与刀片点接触。

图 2.30 所示为并行电弧故障实验电路图，电源为可编程直流源，回路中串有一个限流负载，以避免产生并行电弧时主回路电流过大，损坏电源。实验前先断开接触器，当开通直流源后，回路正常工作，电源给负载及限流负载供电。实验

时,闭合接触器,电动闸刀电弧发生装置产生断续的火花。

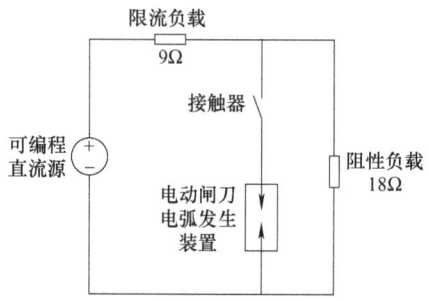

图 2.30　并行电弧故障实验电路图

图 2.31 所示为 270V,10A 电流条件下并行电弧故障的实验波形,从图 2.31 中可以看出,当发生并行电弧后,主回路电流迅速上升,并且有剧烈的振荡,而闸刀装置两端电压由最初的电源电压突变为电弧电压,电弧电压同样振荡十分剧烈。

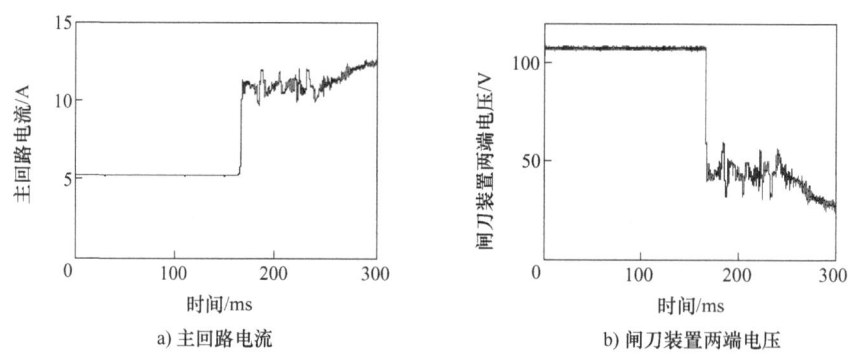

a) 主回路电流　　　　　　　　　　　b) 闸刀装置两端电压

图 2.31　电动闸刀电弧发生装置实验波形图

闸刀电弧发生装置产生的电弧与电弧发生器相比不是很稳定,燃弧时间较短,且更换刀片、导线等耗材较为复杂,因此,本书在研究电弧特征时,采用电弧发生器进行大量实验,在进行电弧检测算法验证时,将分别采用两种电弧发生装置进行实验。

3. 振动电弧发生装置

SAE AS5692 中提到的振动实验又叫接线松动实验,是因为在航空电气系统中,由于振动的工作环境导致连接松动,引起串行故障电弧的发生。图 2.32 所示是按照 SAE AS5692 研制的振动电弧实验装置。整个实验装置由控制柜、噪声屏蔽室、增益放大器等组成。

第 2 章　直流电弧的物理特性及模拟方法

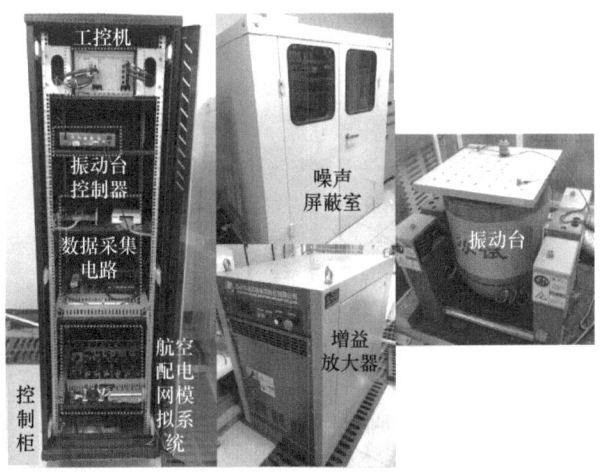

图 2.32　振动电弧实验装置（见彩插）

所设计振动台可按照标准规定频谱进行振动电弧实验，如图 2.33 所示。振动电弧电流与闸刀电弧电流类似，为间歇性电弧。

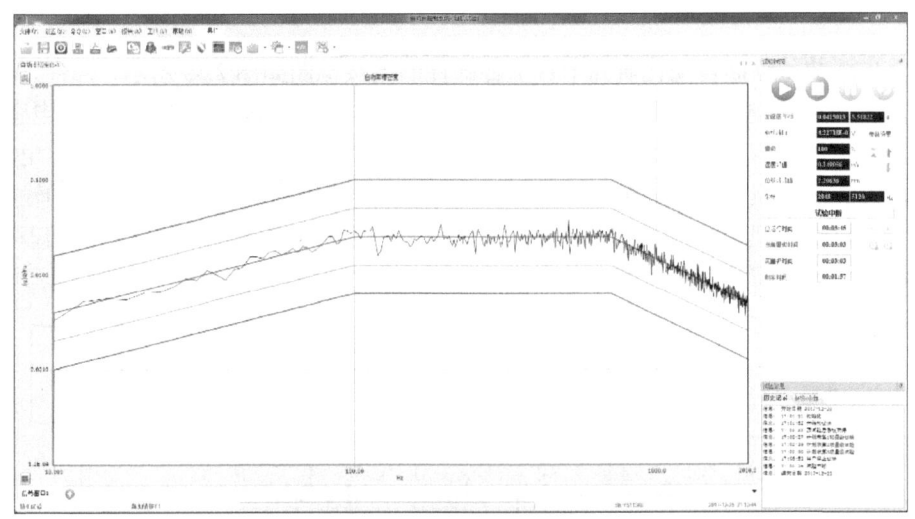

图 2.33　振动频谱

2.5.3　电弧故障研究平台

由上述分析可知，根据标准中的规定，在研究电弧的性质、抑制性负载的干扰、电弧检测算法时需要使用多种电弧发生装置。根据使用需求，这些电弧发生装置都进行了一定的改进，采用上位机控制电弧产生的进程。为了能够实现自动化电弧故障的注入，不同类型电弧的切换等，本章搭建了电弧故障诊断自动化研究平台，实物图如图 2.34 所示。

图 2.34 电弧故障诊断自动化研究平台实物图（见彩插）

电弧故障诊断自动化研究平台中各部件的连接框图如图 2.35 所示，部件列表见表 2.3。直流电源具有恒压或恒流输出功能，负载箱包含波纹电阻、大功率电感、大功率电解电容和接触器。电流传感器共有两个，分别为测量大电流的霍尔电流传感器和测量电流交流分量的电流互感器。霍尔电流传感器和电压传感器的输出信号在信号调理板经过了一级电压跟随，而电流互感器的输出信号在信号调理板进行了放大与带通滤波，电流交流分量的放大倍数上限为 56 倍。

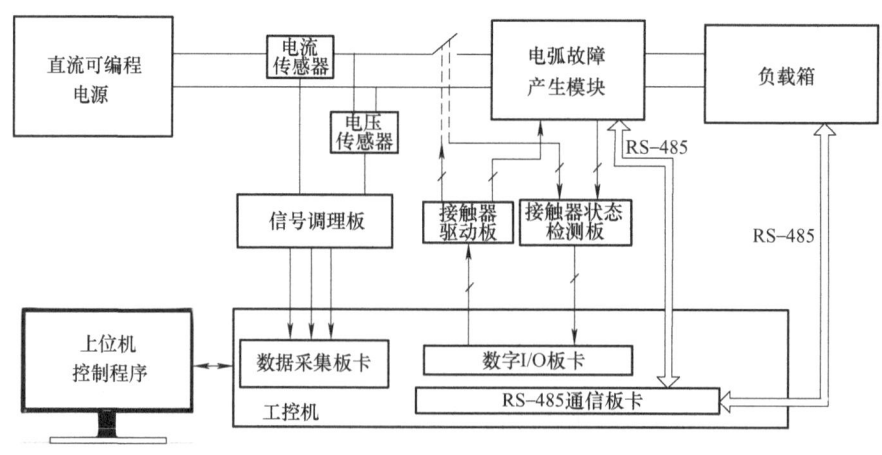

图 2.35 电弧故障诊断自动化研究平台各部件连接框图

第 2 章 直流电弧的物理特性及模拟方法

表 2.3 电弧故障诊断自动化研究平台部件列表

部件名称	数量
直流电压源	1
电流传感器	2
电压传感器	1
信号调理板	1
数据采集板卡	1
接触器	6
接触器状态检测板	1
接触器驱动板	1
数字 I/O 板卡	1
工控机	1
电动电弧发生装置	2
RS-485 通信板卡	1
上位机控制系统	1

电弧故障诊断自动化研究平台的上位机控制系统具有接触器控制和状态检测、电弧故障注入、电弧故障信号的存取与显示、电弧故障保护策略研究等功能，通过软件 LabVIEW 实现界面显示与控制，如图 2.36 所示。自动化研究平台可以实现以下功能：

1) 直流 28～1000V，0～30A 条件下串行电弧与并行电弧故障的模拟。
2) 不同电弧发生装置、串行电弧与并行电弧故障的切换。

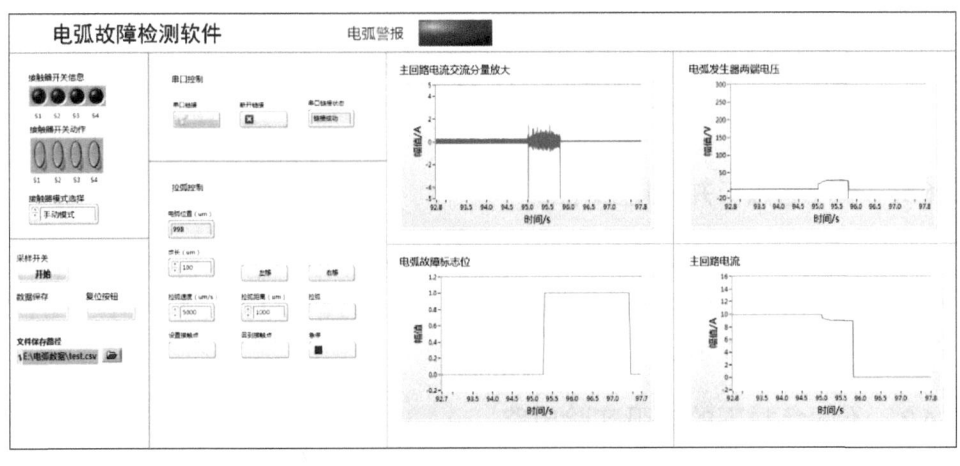

图 2.36 电弧故障诊断自动化研究平台上位机显示界面

3）实时监控系统电压、电流信号。
4）研究电弧故障检测算法的有效性。
5）验证电弧检测算法的虚警率。

该平台具有很多优点：快速便捷的改变负载类型、故障电弧种类；快速存取实验数据、保存波形；安全性、可靠性提高。

电弧的电气特征与电弧弧长、电弧电流、电极材料等因素有关，因此，利用电弧故障诊断自动化研究平台产生不同工作条件下的电弧，试验样本的具体条件见表2.4，其中，进行温度实验时将电弧发生装置放入温度箱，温度箱采用无锡苏南试验设备公司的高低温交变湿热试验箱 GDJS-500，其温度范围可达-60～150℃。

表 2.4 电弧故障试验样本条件表

电流/A	弧长/mm	材料		温度/℃	组数
		阴极	阳极		
10	0.5～12	铜	碳	20	21
2～14	1	铜	碳	20	20
10	0.5～12	碳	铜	20	21
2～14	1	碳	铜	20	20
10	0.5～12	碳	碳	20	21
2～14	1	碳	碳	20	20
2～14	1	铜	碳	80	20
10	1	铜	碳	-20～140	38

2.6 电弧故障模拟及检测研究实验平台方案

2.6.1 串行电弧与并行电弧电路

通过改变不同的电路连接方式，实现串行电弧和并行电弧的模拟。当电弧与负载串联时为串行电弧故障，当电弧与负载并联时为并行电弧故障。其数据采集连接电路图如图 2.37 所示。

2.6.2 不同负载下的电弧实验电路

通过改变接入电路的负载类型，模拟不同负载条件下的电弧故障，使用的线性负载分别为纯阻性负载、阻感性负载、阻容性负载,其数据采集连接电路图如图 2.38 所示。

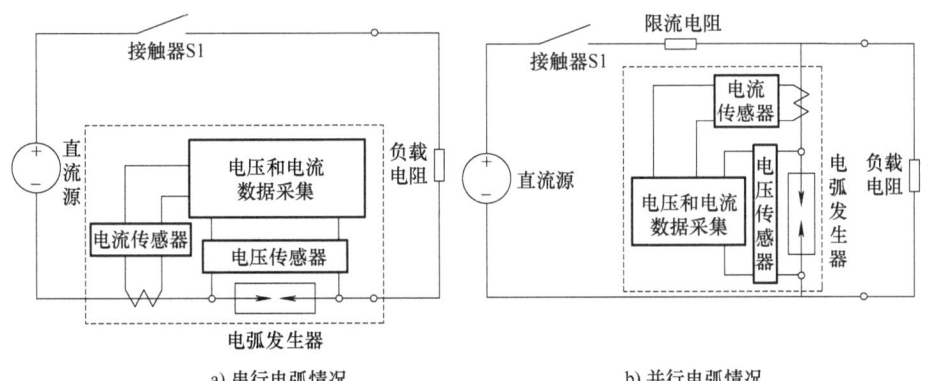

图 2.37 不同负载和电弧类型的数据采集连接电路图

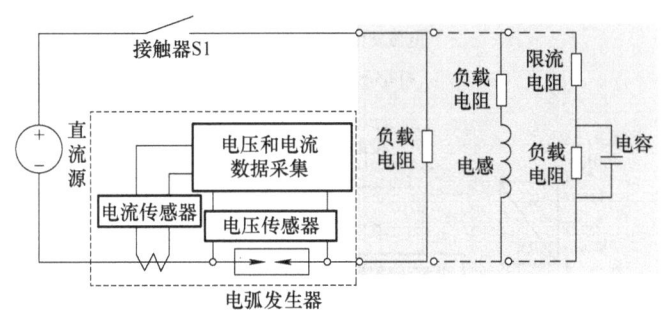

a) 串行电弧情况

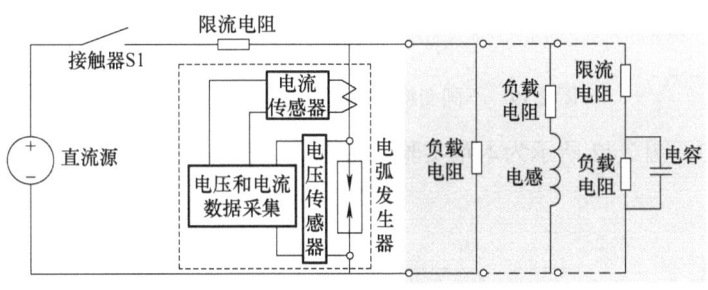

b) 并行电弧情况

图 2.38 不同负载和电弧类型的数据采集连接电路图

另外,当系统中存在变换器等功率变换装置时,其开关频率、自身谐波含量导致电路中的噪声含量有所不同,影响正常和电弧情况的频谱幅值分布,因此本章还研究了不同变换器对直流电弧故障检测的影响,飞机系统中变换器包括

DC-DC、逆变器（inverter，INV）、整流变压器（transformer rectifier unit，TRU）等不同类型。DC-DC 变换器的作用是将直流电压升高或者降低，本章所使用的 DC-DC 变换器是由 BUCK 构成的降压电路；INV 即 DC-AC 变换器，它的作用是将直流电逆变成交流电，本章所使用的 INV 是由双 BUCK 电路和全桥逆变两级构成，能够将 28V 直流转换为 115V/400Hz 交流电；TRU 即 AC-DC 变换器，能够将 115V/400Hz 交流电转化为 28V 直流电。其数据采集连接电路如图 2.39 所示。

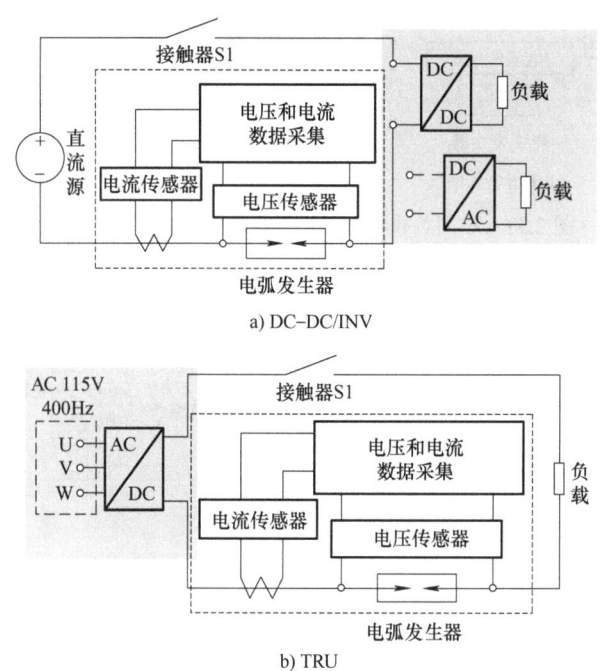

图 2.39 不同变换器的数据采集连接电路图

图 2.40～图 2.42 所示为本章实验设备中的 DC-DC 变换器、INV 和 TRU 内部电路图。

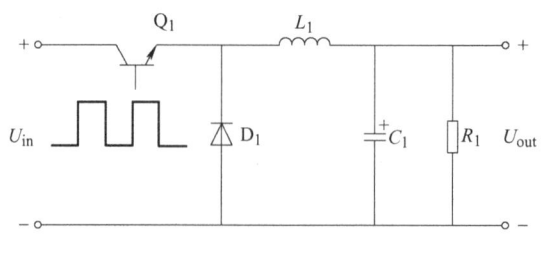

图 2.40 DC-DC 内部电路图

第 2 章 直流电弧的物理特性及模拟方法

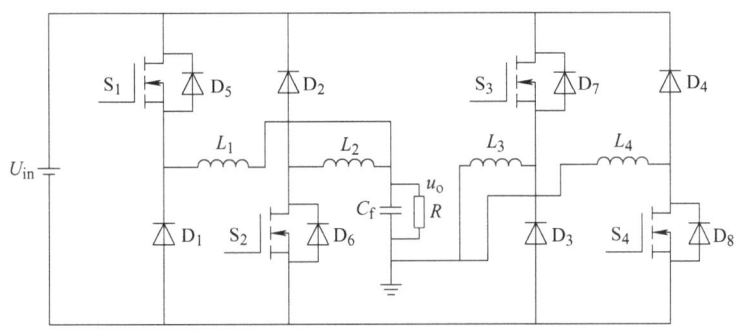

图 2.41 INV 内部电路图

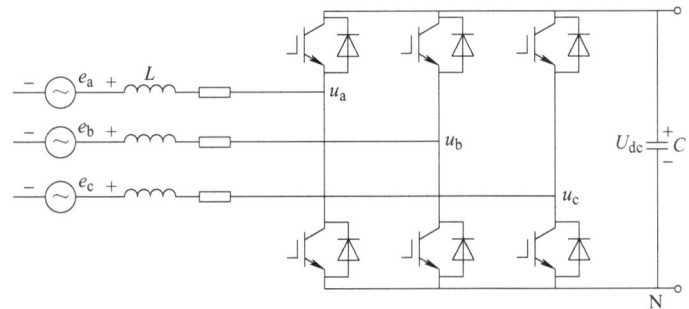

图 2.42 TRU 内部电路图

基于以上实验设备，分别对不同实验条件下的直流电弧故障进行模拟和数据采集，为本章直流电弧故障的研究提供数据基础。

2.7 本章小结

本章首先分析了电弧故障机理，揭示了鞘层的动态变化是导致电弧随机性的原因。然后基于 MHD 理论对直流电弧进行了仿真分析，仿真结果表明场强、电流密度、流体压强等这些电弧等离子体的关键参量存在不平稳波动，差异规律不固定，这是电弧宏观燃烧随机现象的内在因素。然后本章分析了 UL1699B、SAE AS6019 以及 SAE AS5692 这三种直流电弧标准，并按照标准的要求研制了电弧故障发生器并搭建了自动化电弧故障研究平台，此平台为后续电弧故障建模以及电弧故障检测方法研究打下了基础。

第3章 直流电弧故障特征分析

3.1 引言

电弧故障极易在电力电子化直流系统中引发火灾，而其随机性与隐蔽性对检测带来了巨大的挑战。结合绪论中的调研可知，基于电流信号的电弧故障检测方法与基于物理特性的检测方法相比具有不受检测位置局限的优点。因此本章选用基于电流信号的检测方法作为研究重点。随后本章根据标准的要求搭建了实验平台，并采集了正常情况和电弧故障情况下的电流信号。通过提取不同工作条件下电流信号的时域特征、频域特征以及随机性特征，从不同的角度对比分析了正常情况和电弧故障情况电流信号的差异。

3.2 实验条件

若要在直流系统中实现电弧故障建模与检测，首先需分析电弧故障的电气特性。UL1699B重点介绍了电弧发生器的制作以及电弧故障测试的要求，电极的形状采用棒状型。同时，UL1699B对电弧故障的检测时间提出了要求，在光伏直流电弧故障检测器检测到电弧故障前，电弧放电的总时间不超过2s。

本章参考UL1699B搭建了如图3.1和图3.2所示的实验平台。此平台包含电源、电弧发生器、环境控制单元、负载、继电器、电流传感器、电压传感器、数据采集装置以及工控机。直流电源的电压范围为28～300V，以模拟电力电子化直流配电系统的工作环境，采样率为200kHz。该平台可控制的实验条件见表3.1。其中，电弧发生器的类型包含三种：电动电弧发生器、振动电弧发生器以及闸刀电弧发生器。环境控制单元可以调节温度和气压，温度（T）范围为-25～140℃，气压（P）范围为0.06～0.1MPa。直流电源的输出电压范围为18～300V，输出电流范围为3.2～22A。负载类型包含三种线性负载（电阻、电感和电容）以及两种非线性负载（DC-DC，DC-AC）。此平台能够采集直流串联电弧的电压、电流数据，基于此数据可深入分析直流串联电弧不同类型的特征，并研究电弧故障建模与检测方法。

第3章 直流电弧故障特征分析

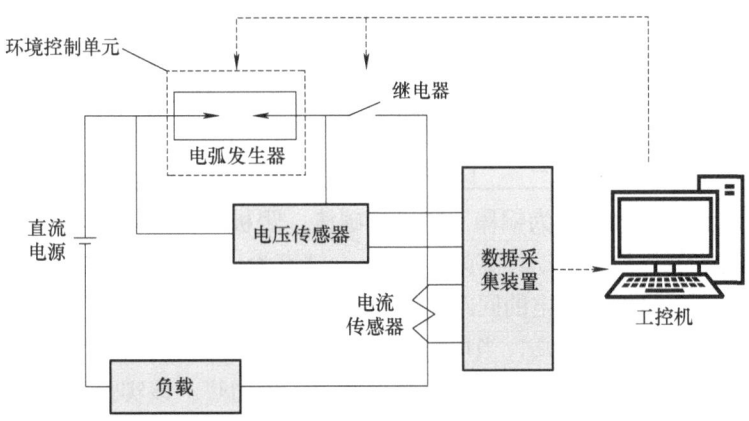

图 3.1 电弧故障研究实验平台框图

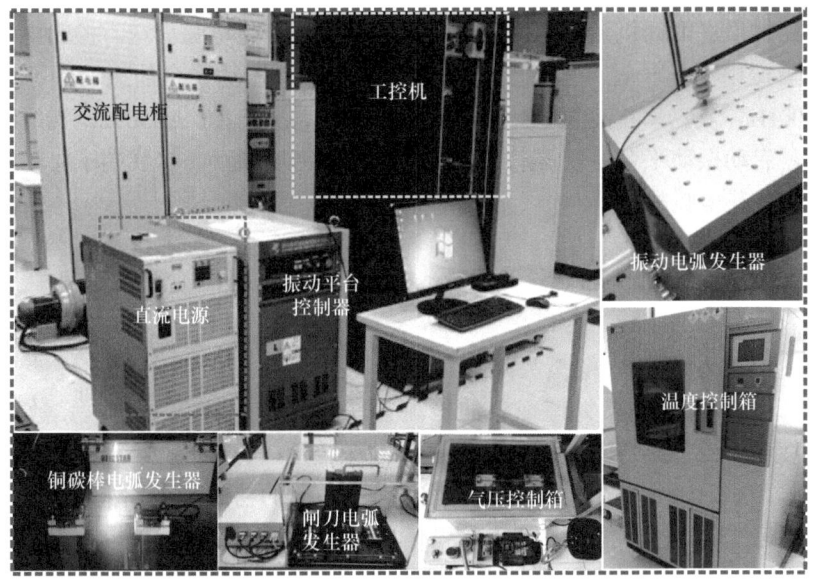

图 3.2 电弧故障研究实验实物平台（见彩插）

表 3.1 平台可控制的实验条件

编号	电弧发生器类型	温度/℃	气压/MPa	电压/V	电流/A	负载类型
O1	电动电弧发生器	25	0.1	18～300	3.2～18.7	线性负载（电阻，电容，电感）
O2	电动电弧发生器	25	0.1	25～270	2～10	非线性负载（DC-DC，DC-AC）
O3	电动电弧发生器	−25～140	0.1	50～270	3～10	电阻
O4	电动电弧发生器	25	0.06～0.1	21～35	6.1～10	电阻

（续）

编号	电弧发生器类型	温度/℃	气压/MPa	电压/V	电流/A	负载类型
O5	振动电弧发生器	25	0.1	28	5～15	电阻
O6	闸刀电弧发生器	25	0.1	70～210	7～22	电阻

电动电弧发生器阳极为铜棒，阴极为碳棒。阴极的位置固定，阳极的位置由步进电动机控制，最大移动距离为100mm，精度为10μm。当电弧发生器两端闭合，通电后，电路构成通电的回路。通过计算机中的LabVIEW软件控制阳极以设定的速度缓慢与阴极分离，当电极两端分离到一定的距离即会产生电弧现象。发生电弧故障的位置伴随有强光、噪声并释放大量的热。该实验平台利用电流传感器、电压传感器实时采集线路中电流与电压信号，通过数据采集装置将数据传输至工控机并保存。闸刀电弧发生器用于模拟绝缘破损导致的并行电弧故障。由工控机控制步进电动机，使刀片能切破导线绝缘层产生电弧火花。振动电弧发生器能够模拟电力电子设备振动情况下的电弧故障。振动平台的振动频率范围为10～2000Hz，其功率密度符合标准SAE AS6019以及SAE AS5692。当线路中通入电流，启动振动平台并使振动平台按既定功率密度振动，接线端子松动情况下即可产生火花电弧故障。

3.3 直流电弧电流特征分析

当线路中发生串联电弧故障，相当于在线路中引入了一个非线性时变的阻抗。相比于基于电弧物理现象的检测方法，基于电流信号的电弧故障检测方法不受限于发生故障的位置，更适合工程应用。本书基于电流信号实现电弧故障检测，因此本章只针对基于电流信号提取的特征进行分析，图3.3给出了不同工作条件下正常情况和电弧情况的电流波形。电弧故障情况下，电

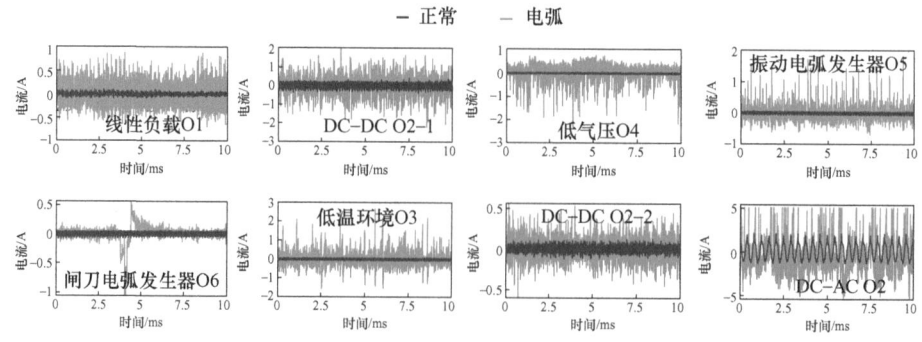

图3.3 不同工作条件下正常情况和电弧情况的电流波形

流信号的高频成分波动程度更大。DC-DC 与 DC-AC 作为负载时其高频开关特性会在正常电流信号中引入高频噪声,导致了正常情况下电流波动程度的增加。不同于连接不同负载下的交流电弧故障,直流电弧没有零休现象且具有极强的随机性,相同工作条件下其波动程度就存在较大差别,直流电弧电流波形在不同工作条件的差异难以从图 3.3 中直接观察到。本章在不同工作条件下分析了电弧故障特征分布的统计特性,从而更深入地了解电弧的随机性以及不同工作条件下电弧特征的差异,为后续基于人工智能方法实现电弧故障检测奠定了基础。

3.3.1 直流电弧电流时域特征

本节首先分析电弧电流信号的时域特性,假定所提取的电流信号为 $x = \{x_1, x_2, \cdots, x_N\}$,所采用的 7 种时域特征的定义见表 3.2。其中,峰-峰值以及标准差为有量纲的时域特征,峭度、偏度、峰值因子、脉冲因子以及裕度因子为无量纲的时域特征。

表 3.2 时域特征

特征	公式
峰-峰值	$x_{\max} - x_{\min}$
标准差	$\delta = \sqrt{\dfrac{1}{N}\sum\limits_{i=1}^{N}(x_i - \bar{x})^2}$
峭度	$\dfrac{1}{N\delta^4}\sum\limits_{i=1}^{N}(x_i - \bar{x})^4$ (δ 为标准差)
偏度	$\dfrac{1}{N\delta^3}\sum\limits_{i=1}^{N}(x_i - \bar{x})^3$ (δ 为标准差)
峰值因子	$\dfrac{x_{\max}}{\sqrt{\dfrac{1}{N}\sum\limits_{i=1}^{N}x_i^2}}$
脉冲因子	$\dfrac{x_{\max}}{\dfrac{1}{N}\sum\limits_{i=1}^{N}|x_i|}$
裕度因子	$\dfrac{x_{\max}}{\left(\dfrac{1}{N}\sum\limits_{i=1}^{N}\sqrt{|x_i|}\right)^2}$

图 3.4 所示为不同工作状态下 7 种时域特征的分布。图 3.4a 和 b 分别给出了发生电弧故障前后的峰-峰值以及标准差的分布。峰-峰值用以反映电流信号最大值与最小值之间的差值,对信号中的毛刺尖峰特性以及脉冲特性较

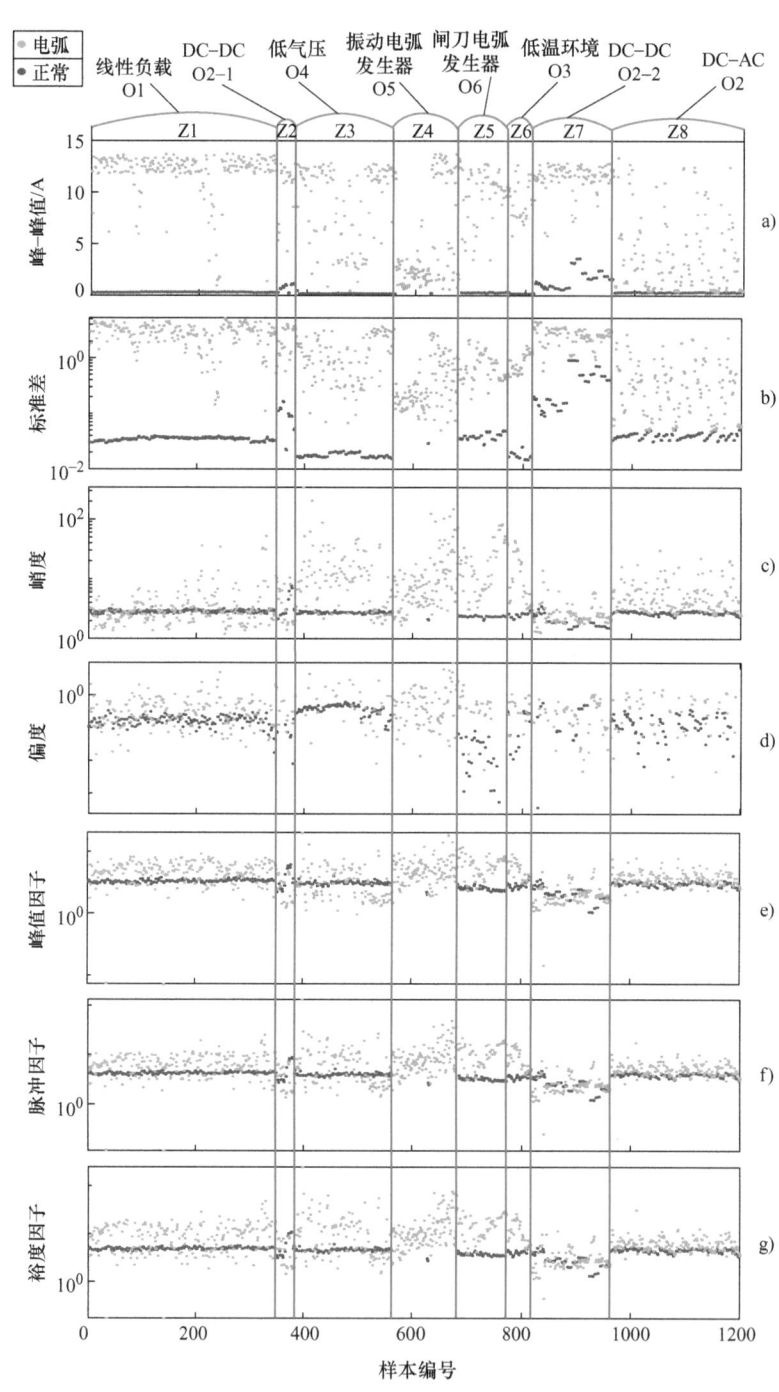

图3.4 不同工作状态下7种时域特征的分布

为敏感。标准差可反映信号与其期望（均值）间的偏离程度，是关于信号离散性的统计量。Z2、Z7 以及 Z8 对应的为 DC-DC 负载实验条件，该情况下正常状态的峰-峰值与标准差都有所增大，电弧故障状态下的数据离散程度也更强，这是因为非线性负载的高频开关状态在电流信号中引入了高频噪声，对电流信号带来了不稳定波动因素。图 3.4a 中，Z1~Z7 的电弧数据落入正常数据区间的比例为 0，Z8 有 0.69%的电弧数据落入正常数据区间。图 3.4b 中，Z1~Z7 的电弧数据落入正常数据区间的比例为 0，Z8 有 2.78%的电弧数据落入正常数据区间。电弧等离子体的不稳定放电状态会导致电流信号的毛刺增多以及偏离均值的程度增加。相比于正常情况，当线路中发生电弧故障时电流信号的波动幅值明显增加，且数据点偏离期望值的程度更大。结果表明，同一工作状态下正常情况和电弧故障情况对应的峰-峰值和标准差有明显的区分度。非线性负载工作条件相比于温度、气压以及电弧发生方式等工作条件对峰-峰值以及标准差具有更明显的影响，但综合所有工作状态，基于峰-峰值或标准差的固定阈值难以对正常状态和电弧故障状态进行区分。

图 3.4c 和 d 分别给出了不同工作状态下峭度以及偏度的分布，这两个特征为反映信号分布性质的统计量。峭度的本质为归一化的四阶中心矩，可以表征信号分布曲线的平缓程度。例如峭度值越大，则表明信号分布越陡峭，反之则表明信号分布越平缓。偏度则反映了信号分布的对称性。例如当信号偏度为正，则表明信号分布的峰值在拖尾的左侧，反之其峰值在拖尾的右侧。图 3.4c 中，Z1~Z8 的电弧数据落入正常数据区间的比例分别为 14.8%、28.6%、3.7%、1.74%、0、0、49.4%以及 8.33%。图 3.4d 中，Z1~Z8 的电弧数据落入正常数据区间的比例分别为 26.2%、23.8%、6.48%、0.87%、1.85%、18.3%、49.4%以及 25.7%。结果表明，正常情况下电流信号波动形式相对稳定，其峭度和偏度分布集中，电弧故障情况下峭度和偏度的分布更为离散，表明电弧故障会导致信号分布特性的改变，而且电弧电流的随机波动使信号分布的平缓程度与不对称程度在不同的时刻具有较大的差异，其分布特性的不确定性更强。不同工作状态下正常情况和电弧故障情况对应的峭度和偏度有明显的混淆现象，由这两种特征无法明显观察到不同工作状态之间的差别，峭度和偏度的正常情况和电弧故障情况的区分能力弱于峰-峰值和标准差。

图 3.4e~g 分别给出了不同工作状态下峰值因子、脉冲因子以及裕度因子的分布。峰值因子、脉冲因子以及裕度因子用以反映电流信号峰值相对于有效值、绝对均值以及方均根幅值的波动程度，这三种特征能有效反映信号冲击特性。图 3.4e 中，Z1~Z8 的电弧数据落入正常数据区间的比例分别为 3.81%、33.3%、12%、0.87%、1.85%、14.8%、51.7%以及 18.8%。图 3.4f 中，Z1~Z8 的电弧数据

落入正常数据区间的比例分别为 3.81%、38.5%、4.63%、0.87%、1.85%、11.1%、49.4%以及 16.7%。图 3.4g 中，Z1~Z8 的电弧数据落入正常数据区间的比例分别为 5.24%、38.3%、11.1%、0.87%、1.85%、3.70%、49.4%以及 15.3%。当发生电弧故障，电流信号包含大量具有冲击性质的毛刺，且波动幅值相较于正常情况更大，且呈现出无规律的特点。在非线性负载状态下，高频开关特性引入的波动会降低峰值因子、脉冲因子以及裕度因子对正常情况和电弧情况的区分能力。由图 3.4e~g 可知，电弧故障情况下的峰值因子、脉冲因子以及裕度因子大于正常情况的概率更高。而且，不同工作状态下正常情况和电弧故障情况对应的峭度和偏度有明显的混淆现象，峰值因子、脉冲因子以及裕度因子的正常情况和电弧故障情况的区分能力弱于峰-峰值和标准差。

3.3.2 直流电弧电流频域特征

当系统发生电弧故障，电弧等离子体的不稳定放电特征在电流信号中引入了丰富的高频噪声，通过分析电流信号频域能量分布规律并提取特征可有效区分电弧故障和正常情况。本章所提取的频域特征包括 4 类：频谱能量和、频谱能量标准差、小波特征以及奇异值。

频谱能量和、频谱能量标准差、小波特征的定义见表 3.3。其中频谱能量和以及频谱能量标准差分别通过对电流信号进行离散傅里叶变换并求取相应频谱能量的和与标准差获取。小波特征的理论基础为 WT，WT 能将信号分解为包含不同频域成分的分量，适合分析电弧电流这种非平稳信号。本节为求取中的电流信号的小波特征，首先基于 DB4 小波将信号进行三层分解并重构得到 4 个小波分量，然后求取每个小波分量的归一化能量。不同小波分量所对应的频带范围如图 3.5 所示。其中 x 为原始电流信号，g 和 h 分别为高频成分和低频成分，↓2 为下采样。经过三层分解可得到近似系数 $a1$ 以及细节系数 $d1$、$d2$ 和 $d3$，然后经过重构分别可得到相应的小波分量，每个小波分量的数据点个数等于原始电流信号数据点个数。本节所采用的采样率为 200kHz，近似系数 $a1$ 以及细节系数 $d1$、$d2$ 和 $d3$ 对应的频带范围分别为[0, 12.5kHz]、[12.5kHz, 25kHz]、[25kHz, 50kHz]以及[50kHz, 100kHz]。因此，求取每个小波分量的归一化能量本质为求取不同频带范围信号能量占总信号能量的比例。频谱能量的和与标准差是对电弧电流信号频域总体能量的统计分析，小波特征能够进一步对不同频带（高频和低频）的能量差异进行度量。图 3.6 给出了不同工作状态下 6 种频域特征的分布。

第3章 直流电弧故障特征分析

表3.3 频谱能量和、频谱能量标准差以及小波特征的定义

频谱能量和	$\sum_{k=1}^{K} s_k$
频谱能量标准差	$\sqrt{\dfrac{1}{k}\sum_{k=1}^{K}(s_k-\overline{s})^2}$
小波特征	$\dfrac{E_{a1}}{E},\dfrac{E_{d3}}{E},\dfrac{E_{d2}}{E},\dfrac{E_{d1}}{E}$

注：s_k 表示信号第 k 个频率点的频域能量，k 为频率点个数；E_{a1}，E_{d3}，E_{d2} 和 E_{d1} 分别为4个小波系数的能量，E 为电流信号 x 的总能量。

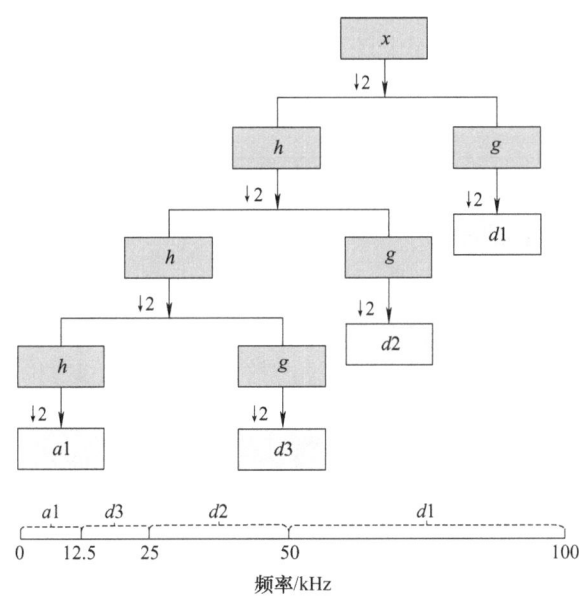

图3.5 三层分解后不同小波分量对应的频带范围

图3.6a 和图3.6b 给出了不同工作状态下频谱能量和以及频谱能量标准差的分布。频谱能量和可表示电流信号的总体频谱能量。频谱能量标准差用来表示电流信号频谱偏离均值的程度。图3.6a 中，Z1～Z7 的电弧数据落入正常数据区间的比例为0，Z8 有0.68%的电弧数据落入正常数据区间。图3.6b 中，Z1～Z6 的电弧数据落入正常数据区间的比例为0，Z7 和 Z8 分别有2.3%和5.5%的电弧数据落入正常数据区间。以上结果表明，电弧故障引入和高频噪声，导致发生电弧故障后频谱能量和以及频谱能量标准差都大于正常情况，非线性负载状态下高频开关在电流信号中引入的噪声会削弱正常情况和电弧故障情况区分度。不同工作状态下正常情况和电弧故障情况对应的频谱能量和以

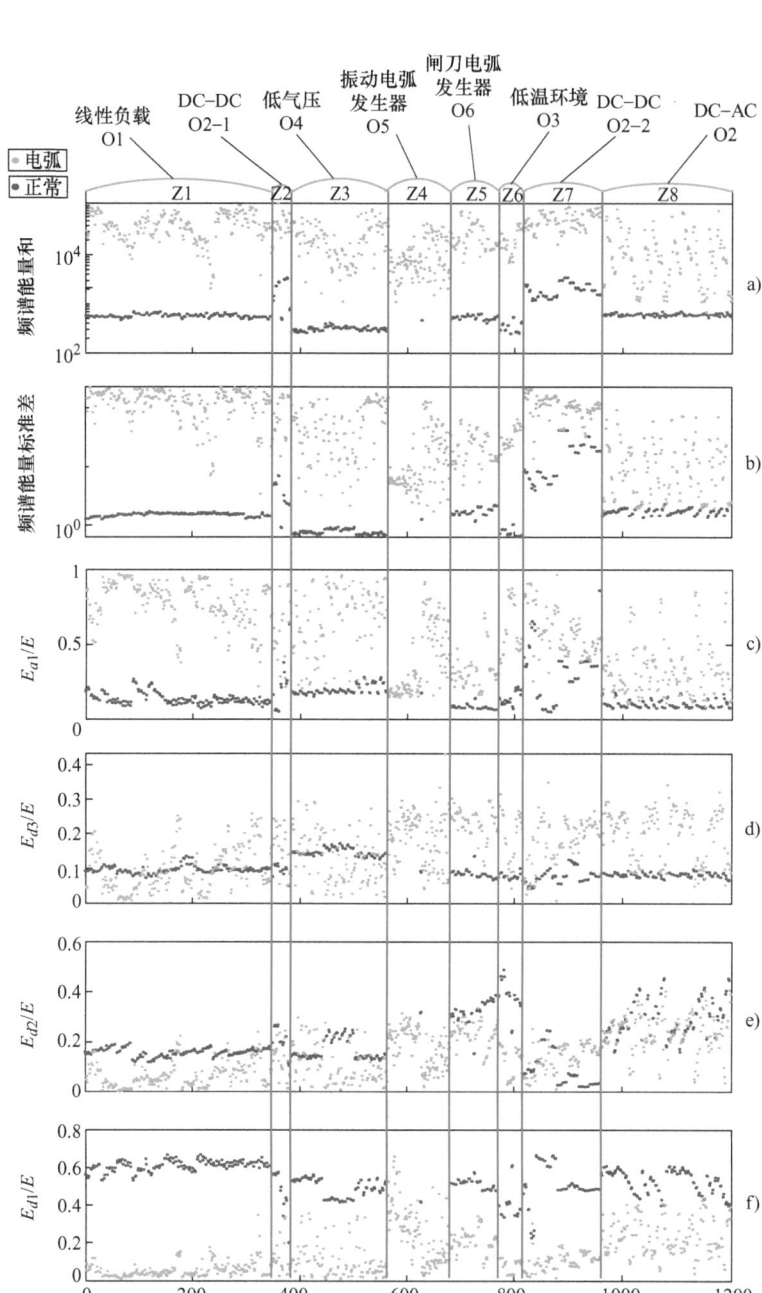

图 3.6 不同工作状态下 6 种频域特征的分布

及频谱能量标准差有明显的区分度。非线性负载工作条件相比于温度、气压以及电弧发生方式等工作条件对频谱能量和以及频谱能量标准差具有更明显的影响，但综合所有工作状态，单独基于频谱能量和或频谱能量标准差的固定阈值难以对正常状态和电弧故障状态进行区分。本章所指的阈值通过计算正常情况和电弧故障情况某一特征的分布范围，在该区间内通过搜索使两种情况区分程度最高的数值作为阈值。

图 3.6c~f 给出了不同工作状态下小波特征（E_{a1}/E，E_{d3}/E，E_{d2}/E，E_{d1}/E）的分布。图 3.6c 中，Z1~Z8 的电弧数据落入正常数据区间的比例分别为 0.47%、33.3%、6.48%、0、0、9.72%以及 5.58%。图 3.6d 中，Z1~Z8 的电弧数据落入正常数据区间的比例分别为 14.8%、14.3%、11.1%、0.87%、3.7%、7.4%、9.2%以及 7.64%。图 3.6e 中，Z1~Z8 的电弧数据落入正常数据区间的比例分别为 5.71%、4.29%、18.5%、0、53.7%、0、58.6%以及 52.8%。图 3.6f 中，Z1~Z8 的电弧数据落入正常数据区间的比例分别为 0、19.2%、0、0、0、0.4%以及 2.78%。结果表明，电弧故障时电流的频带能量分布会发生变化，而且不同的工作状态也会影响到小波能量的分布特性。频谱能量平均值、频谱能量标准差对电弧情况和正常情况的区分能力强于小波特征，而且难以直观观察到不同工作条件小波特征之间的差异。相比于频谱能量和以及频谱能量标准差，小波特征在不同工作状态下对正常情况和电弧情况的区分效果更差。

奇异值能够度量信号不同子带所蕴含的信息量大小[88]，即低阶的奇异值代表了原始信号低频成分蕴含的能量，高阶奇异值对应了相对高频的成分蕴含的能量。高维奇异值向量中蕴含的深层次抽象故障信息对系统产生的扰动具有更强的鲁棒性[89]。

对于任意给定矩阵 A，一定存在正交矩阵 U 和 V，使得

$$A = UDV^T \tag{3.1}$$

其中

$$D = [\text{diag}(\lambda_1, \lambda_2, \cdots, \lambda_q)\ \mathbf{0}] \tag{3.2}$$

式中，D 为对角矩阵，$q=\min(m,n)$，$\mathbf{0}$ 为零矩阵。且 $\lambda_1 \geqslant \lambda_2 \geqslant \cdots \geqslant \lambda_k \geqslant 0$，$\lambda_i$ 为矩阵 A 的奇异值。

电弧电流为一维信号，提取电弧电流信号奇异值前首先需将一维电流信号转化为二维矩阵。转化方法通常采用 Hankel 矩阵的形式[90]。假定一维时间序列 S 包含 M 个数据点，如式（3.3）所示。采用 Hankel 矩阵的形式构造为矩阵 A_1，则矩阵如下：

$$S = \{a_1, a_2, \cdots, a_M\} \quad (3.3)$$

$$A_1 = \begin{bmatrix} a_1 & a_2 & \cdots & a_{\frac{M}{2}} \\ a_2 & a_3 & \cdots & a_{\frac{M}{2}+1} \\ \vdots & \vdots & \ddots & \vdots \\ a_{\frac{M}{2}+1} & a_{\frac{M}{2}+2} & \cdots & a_M \end{bmatrix} \quad (3.4)$$

本章采用的电流信号样本包含 2000 个数据点，则所构造的 Hankel 矩阵大小为 1000×1000，因此每个电流信号样本能够提取 1000 个奇异值。图 3.7 对比了电流信号正常和电弧情况下不同阶数的奇异值，由于低阶的奇异值代表低频成分的能量，高阶奇异值对应高频成分的能量，因此随着阶数的增加，电流信号的奇异值呈下降的趋势。同时由于电弧故障随机波动特性增强了电流信号噪声的能量，因此当线路中发生电弧故障，电流信号奇异值大于正常情况下奇异值的概率更大。

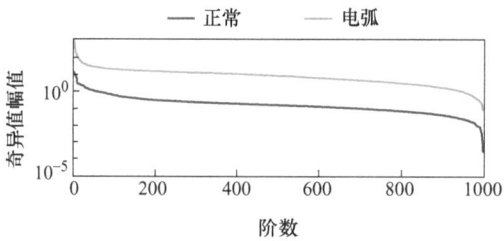

图 3.7 电流信号正常和电弧情况下不同阶数奇异值对比

图 3.8 给出了发生电弧故障前后不同阶数奇异值的变化情况，虽然不同时刻的奇异值存在一定程度的波动，图 3.8 的结果与图 3.7 分析的保持一致，即电弧故障会导致奇异值的增大，且随着阶数的增加奇异值减小。

图 3.8 给出了不同工作状态下 4 种奇异值（SV_1，SV_{10}，SV_{100}，SV_{900}）的分布。图 3.8a 中，Z1～Z8 的电弧数据落入正常数据区间的比例分别为 0、4.76%、0、0、1.85%、0、14.9%以及 26.4%。图 3.8b 中，Z1～Z7 的电弧数据落入正常数据区间的比例为 0，Z8 的电弧数据落入正常数据区间的比例为 8.33%。图 3.8c 中，Z1～Z7 的电弧数据落入正常数据区间的比例为 0，Z8 的电弧数据落入正常数据区间的比例为 6.94%。图 3.8d 中，Z1～Z8 的电弧数据落入正常数据区间的比例分别为 1.43%、9.52%、0、0、0、0、3.45%以及 0.69%。结果表明，不同阶数的奇异值对不同工作状态下对应的电弧故障和正常情况的

区分能力有所差别。例如，非线性负载状态下高阶的奇异值（SV_{900}）对正常与电弧的区分能力更强，低阶的奇异值对线性负载状态下正常与电弧的区分能力更强，温度、气压以及电弧发生方式对奇异值的影响不明显。由于电弧增强了电流信号的随机性，基于某一阶数的奇异值的固定阈值难以对正常状态和电弧故障状态进行区分。

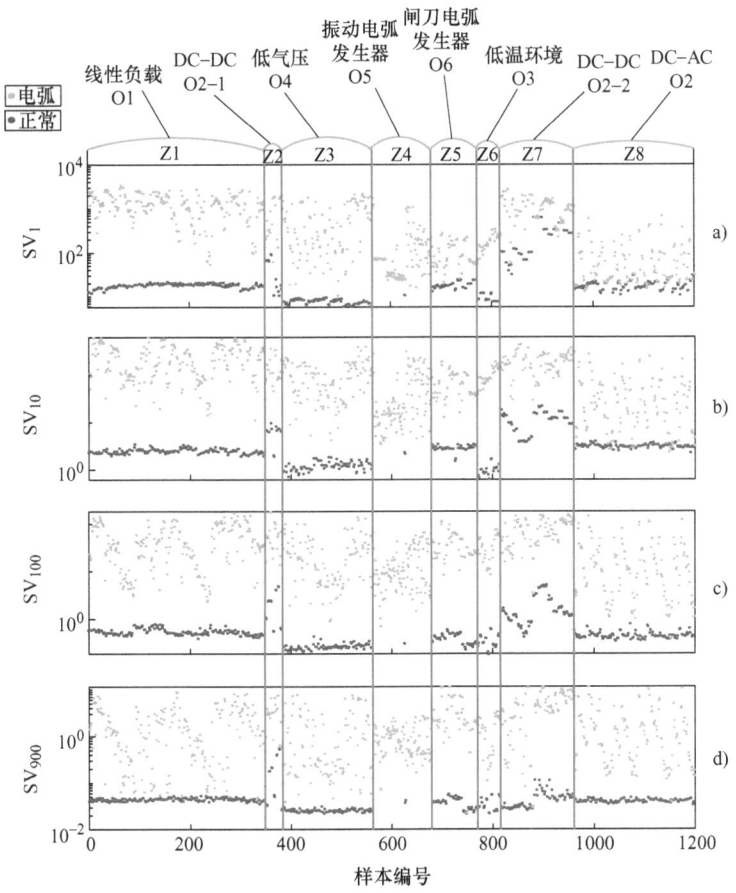

图 3.8 不同工作状态下 4 种阶数奇异值的变化情况

3.3.3 直流电弧电流随机性特征分析

由前面章节对电弧故障机理的分析可知，电弧故障在电流信号中引入随机波动具有很强的不确定性。本节将提取电弧电流信号的能量熵（EnE）、排列熵（PE）以及 Hurst 指数以从不同的角度分析电弧电流信号的随机性。

1. 能量熵

发生电弧故障时,电流信号的波动呈现出无规律的特点,而这种无规律波动的现象会影响到电流信号的能量分布。能量熵可用来度量电流信号不同时刻能量的分布特性[91],能量熵越小表明信号在不同时刻信号分布越不均匀。能量熵(energy entropy,EnE)的表达式如式(3.5)所示:

$$\text{EnE} = -\frac{E(i)}{E}\sum_{i=1}^{n}\frac{E(i)}{E} \tag{3.5}$$

式中,n 为数据段个数;$E(i)$ 为数据段 i 的能量。

数据段个数 n 能够对能量熵的计算产生影响,n 过大则数据段能量的求取结果缺乏统计意义,n 值过小则时间分辨率过低无法有效度量不同时刻能量分布的差异。本节每个电流信号样本包含2000个数据点,经折中考虑数据段个数 n 样选为100。

图3.9所示给出了不同工作状态下的能量熵的分布。Z1~Z8的电弧数据落入正常数据区间的比例分别为0.476%、2.38%、0、0、0、0、49.4%以及9.03%。正常情况下,电流信号呈平稳状态,信号波动幅值小,能量熵幅值分布集中。当线路中发生电弧故障会导致电流信号的随机波动,不同时刻信号波动幅值相差较大。因此相比于正常情况,电弧故障情况下电流信号的能量分布均匀性降低,从而导致电弧故障情况下电流信号的能量熵小于正常情况。温度、气压以及电弧发生方式等工作条件下特征的分布差异与线性负载情况没有明显差异,但在DC-DC负载状态下,能量熵对正常情况和电弧情况混淆严重。由于电弧增强了电流信号的随机性,基于能量熵的固定阈值难以对正常状态和电弧故障状态进行区分。

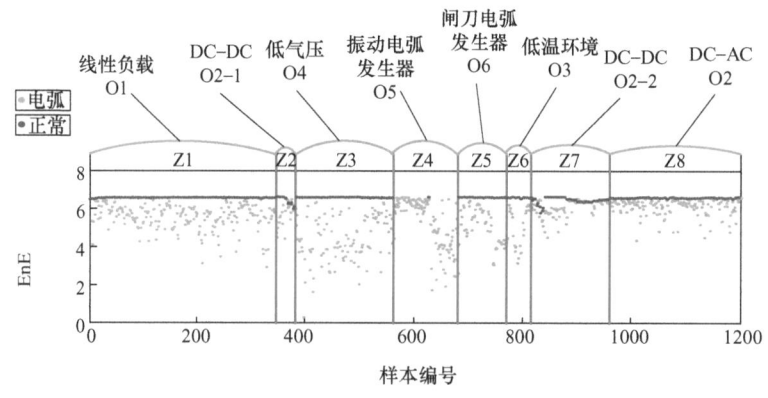

图3.9 不同工作状态下能量熵的分布

2. 排列熵

当线路中发生电弧故障，电流信号波动性会增强，PE 通过在相空间内将电流信号符号化并基于相邻数据的对比，能够计算电流信号排列模式的复杂度，从而反映电流信号的随机波动的程度。PE 的计算过程不考虑数据具体值[92]，广泛应用于复杂系统的异常检测。对于长度为 N 的电流信号时间序列 $\{x(i), i=1,2,\cdots,N\}$，对其进行相空间重构，得到如下的时间序列 $X(k)$：

$$X(k) = \{x(k), x(k+\lambda), \cdots, x(k+(m-1)\lambda)\}, k=1,2,\cdots,N-(m-1)\lambda \quad (3.6)$$

式中 m——嵌入维数；

λ——延迟时间。

将 $X(i)$ 的 m 个数据按升序重新排列，即

$$X(k) = \{x(k+(j_1-1)\lambda) \leqslant x(k+(j_2-1)\lambda) \leqslant \cdots \leqslant x(k+(j_m-1)\lambda)\} \quad (3.7)$$

若存在 $x(k+(j_f-1)\lambda) = x(k+(j_g-1)\lambda)$，此时按 j 值的大小排列。因此，任意数据 $X(k)$ 都存在唯一一组符号序列 $s(q) = \{j_1, j_2, \cdots, j_m\}$，其中，$q=1,2,\cdots,m!$。$m$ 个不同符号共有 $m!$ 种排列方式，对应着 $m!$ 种不同的符号序列。计算每一种符号序列出现的概率 $P(q)$，此时，时间序列 $x(i)$ 的 PE 可按如下形式定义：

$$\mathrm{PE} = -P(q) \sum_{q=1}^{N-(m-1)\lambda} P(q) \quad (3.8)$$

PE 基于数据点在相空间排序的复杂度表征电流信号的随机状态。PE 越大，表明信号的局部随机性越强，反之则表明信号规则性越强[93]。图 3.10 中，Z1～

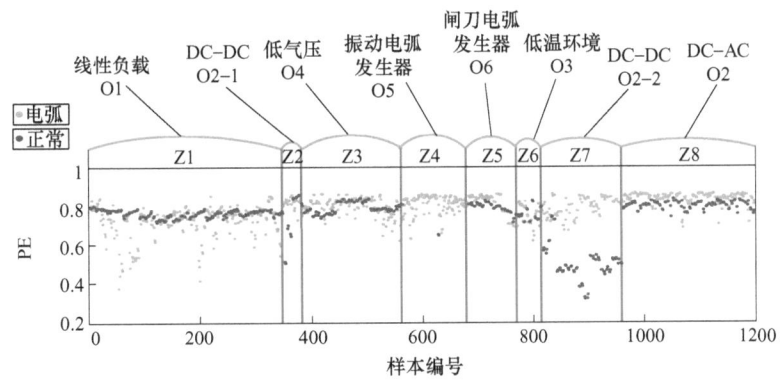

图 3.10 发生电弧故障前后 PE 的变化情况

Z8 的电弧数据落入正常数据区间的分别为 32.9%、57.1%、42.6%、0、13%、44.4%、11.5%以及 14.6%。由结果可知,电弧情况和正常情况对应的 PE 值混淆严重,无法基于 PE 的固定阈值完全区分电弧故障和正常情况。只有在 Z7 和 Z8 两个区域,发生电弧故障后 PE 值出现了明显的上升。这是由于原始信号中包含了具有一定周期特性的高频开关噪声,电弧等离子体的不稳定状态使电流信号中引入了更丰富的随机噪声,从而导致了信号相空间中符号序列排列模式的增多,信号的随机性增强。总体而言,不同状态下 PE 的计算结果不稳定,无法有效区分正常情况和电弧情况的差异,PE 不适合作为直流电弧故障的检测特征。

3. Hurst 指数

混沌是确定系统中表现出的一种伪随机行为,当线路中发生电弧故障时电流信号的波动形式呈现出混沌特性[57, 94]。Hurst 指数能够表征数据的波动趋势,是一种度量信号混沌特性的有效方法。电流信号 $x = \{x_1, x_2, \cdots, x_N\}$ 的 Hurst 指数可通过式(3.9)估计[95]:

$$[E(x_t - x_1)^2]^{0.5} = Ct^H, t = 1, 2, \cdots, N \qquad (3.9)$$

式中,$E(\cdot)$ 表示求取数据的期望,C 为待定常数,H 为 Hurst 指数。

Hurst 指数的取值范围为[0, 1],当 H=0.5 时,表明信号处于完全随机的状态。当 H=1 时,信号表现为完全正相关状态。当 H=0 时,信号表现为完全负相关状态。图 3.11 中,Z1~Z8 的电弧数据落入正常数据区间的分别为 17.1%、28.6%、12%、0、22.2%、37%、43.7%以及 41.7%。结果表明,电弧情况和正常情况对应的 Hurst 指数混淆严重,无法确定一阈值利用 Hurst 指数完全区分电弧故障和正常情况。

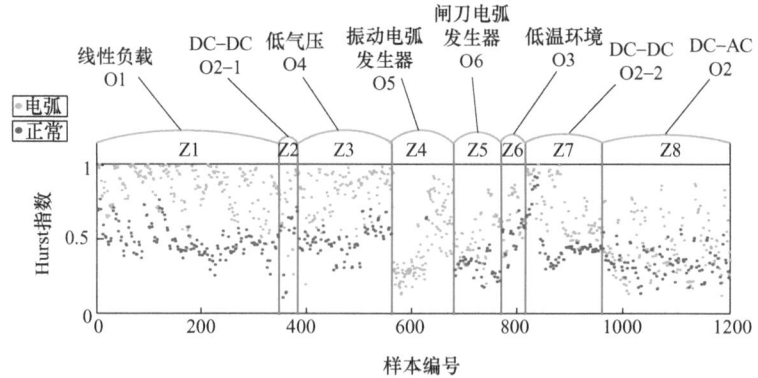

图 3.11 发生电弧故障前后 Hurst 指数的变化情况

只有 Z7 和 Z8 两个区域，发生电弧故障后 PE 值出现了明显的上升。在 Z1、Z2、Z3、Z5、Z6 以及 Z7 这六个区域，电弧故障情况下的 Hurst 指数相比于正常情况表现出增大的现象，表明正常情况下电流信号呈现接近于无序波动的状态。当线路中发生电弧故障，虽然电流信号宏观上呈现明显随机波动的特点，但从微观角度而言，信号的大幅度波动引入了更多的趋势项。总体而言，不同状态下 Hurst 指数的计算结果不稳定，无法有效区分正常情况和电弧情况的差异，Hurst 指数不适合用来作为直流电弧故障的检测特征。

3.4　不同类型特征的计算复杂度

由于电弧故障对系统危害性大，当系统中发生电弧故障时需快速、准确地实现检测。因此，对电弧电流特征的分析不仅需关注其对正常情况和电弧情况的区分能力，同时还需分析特征的计算复杂度。计算复杂度可以反映在特征的计算时间，本节在 Intel i5-12500H 处理器、16GB RAM 环境下基于 MATLAB 语言编程评估不同特征的计算时间。单样本情况下不同特征计算时间见表 3.4，8 种时域特征的计算时间都小于 10^{-4} s，频谱能量平均值、频谱能量标准差、小波特征、能量熵以及 Hurst 指数的计算时间都小于 10^{-3} s。而奇异值与 PE 这两种特征相比于其他 13 种特征计算复杂度更高，其计算时间分别为 0.275s 和 0.183s，这两种特征不利于保证电弧故障检测的实时性。时域特征、频谱能量平均值、频谱能量标准差、小波特征、能量熵以及 Hurst 指数都表现出了较高的实时性，有利于基于此类特征实现快速的电弧故障检测。而在线电弧故障检测过程中特征的计算效率在后面章节需结合标准的要求在相应的在线检测平台进行进一步分析。

表 3.4　单样本情况下不同特征的计算时间

特征名称	计算时间/s
平均值	1.89×10^{-5}
峰-峰值	1.27×10^{-5}
标准差	1.36×10^{-5}
峭度	6.67×10^{-5}
偏度	6.97×10^{-5}
峰值因子	1.37×10^{-5}
脉冲因子	1.68×10^{-5}

（续）

特征名称	计算时间/s
裕度因子	2.54×10^{-5}
频谱能量和	8.73×10^{-4}
频谱能量标准差	1.89×10^{-4}
$\frac{E_{a1}}{E}, \frac{E_{d3}}{E}, \frac{E_{d2}}{E}, \frac{E_{d1}}{E}$	2.08×10^{-4}
奇异值	2.75×10^{-1}
能量熵	1.32×10^{-4}
PE	1.83×10^{-1}
Hurst 指数	1.12×10^{-4}

3.5 光伏系统电弧特征分析

3.5.1 逆变器结构

光伏三相并网逆变器整体的结构如图 3.12 所示，在光伏板开始工作后，直流电先后经过 EMI 滤波器，由 MPPT 算法控制的升压变换器，三相三电平逆变器和输出滤波器输出到电网上。此外，系统中可能还存在孤岛检测装置、过电流保护等装置、输出隔离继电器、浪涌保护器，因为这些电路对故障电弧的交流分量不会产生大的影响，所以在本节中进行了简化。

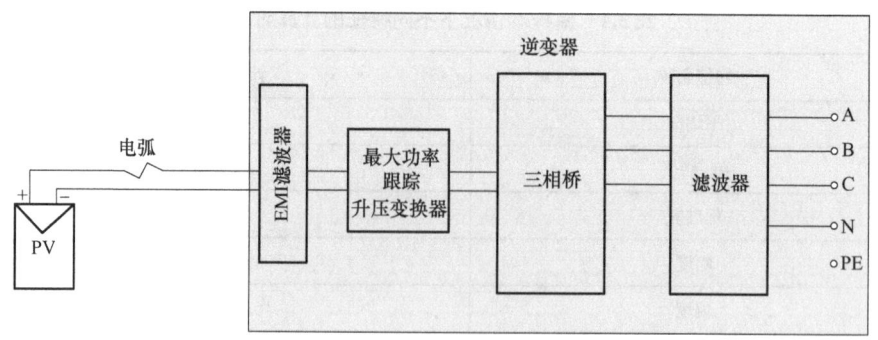

图 3.12　光伏三相并网逆变器整体结构示意图

3.5.2 影响因素分析

1. 三相逆变桥

多级逆变器是通过逆变的前级先将光伏阵列输出电压变换成满足后级逆变负载或并网需要的直流电，所以多级逆变拓扑可以看作是一个两级变换结构。相比于单级结构，两级结构将 MPPT 功能和直流升压功能交由 DC-DC 部分完成，而并网功能交由 DC-AC 部分完成。两级结构虽然变换级数较多，所需的元器件多，整机损耗较大，但与单级结构相比有其显著的优点：一方面方便了最大功率点跟踪控制的实现，满足了直流电压宽输入范围的要求；另一方面也便于满足电网对逆变器的要求（并网电能质量要求、防止孤岛效应、安全隔离）。因而两级结构的逆变器在光伏发电系统中得到了更广泛的应用。本节中的三相逆变桥采用的是三电平 T 型结构，具体的拓扑结构如图 3.13 所示。图中简化省略了其他结构，只考虑逆变桥在输入电流中造成的谐波干扰。

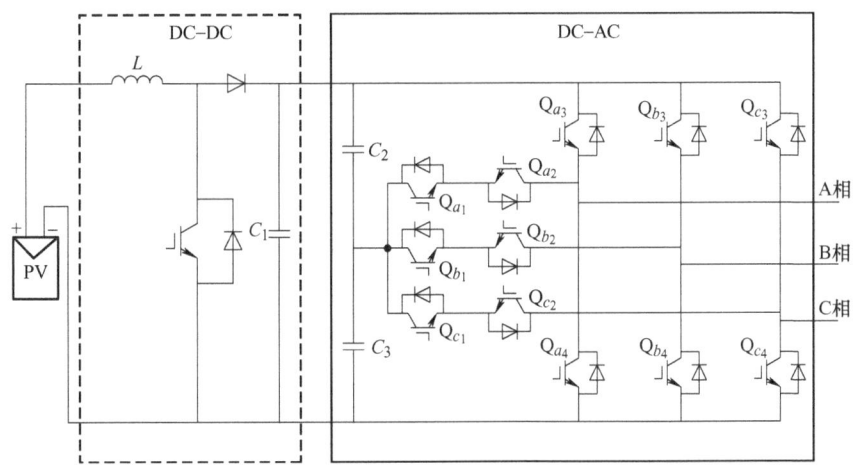

图 3.13 三相逆变桥拓扑结构

因为在第二级的 DC-AC 变换器的输出端并联有两个电容 C_2、C_3，容值均为 1210μF，该电容起到稳定电压，吸收高频谐波电流的作用。同时逆变桥则会因为众多开关开通关断过程中的换流过程产生与开关频率及其整数倍频率相同的谐波电流分量。根据华为 SUN2000 逆变器的设计参数，逆变桥的开关管的频率为 16kHz，该谐波频率较高，经过直流侧的解耦电容吸收后下降的值可以相对忽略不计。

2. DC-DC 变换器

在光伏逆变器中，一般都需要集成一个 MPPT 模块，用来对光伏板进行最大功率跟踪，保证发电的效率。本节以 Boost 升压电路为例，示意图如图 3.14 所示。

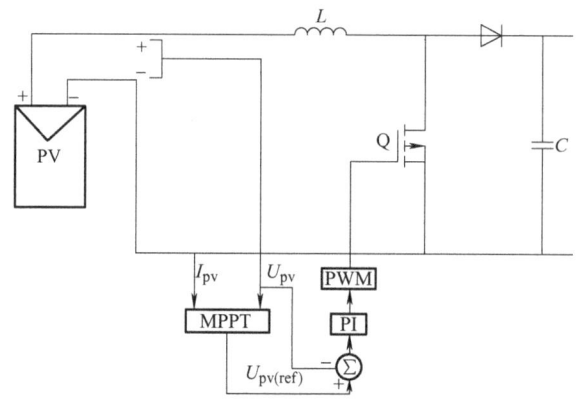

图 3.14　MPPT 模块升压变换器示意图

以 Boost 升压电路为分析对象，通过电路分析中的理论知识，可以得出 $R_{in}=(1-D)^2R_o$，对于光伏板的输出特性来讲，固定光照强度和温度条件下，U-I 曲线是固定的，通过调节输出阻抗即可改变其输出功率。所以采集到的光伏电池的输出电压和电流经过 MPPT 算法计算后得出参考电压，与实际电压相减后经过 PI 调节器放大，与调制波比较即可起到 PWM 控制的作用，进而改变开关管 Q 的占空比 D，达到控制输出在最大功率点的目的。

Boost 输入电流纹波通常源于 4 个方面：开关高频纹波、寄生参数引起的共模纹波噪声、功率器件开关过程中产生的超高频谐振噪声和闭环调节控制引起的纹波噪声。其中第一项为电流纹波的主要分量，具有较高的可观测性和可抑制性，而后三种纹波多为元件的非理想特性引起，具有不可估算性，且幅值大小也较前两种远为小。因此对故障电弧的影响主要为开关高频纹波。

高频纹波噪声来源于高频功率开关变换电路，在电路中，通过功率器件对输入直流电压进行高频开关变换而后整流滤波再实现稳压输出的，在其输出端含有与开关工作频率相同频率的高频纹波。由于功率器件与散热器底板和变压器一、二次侧之间存在寄生电容，导线存在寄生电感，因此当矩形波电压作用于功率器件时，开关电源的输出端因此会产生共模纹波噪声。减小与控制功率器件、变压器与机壳地之间的寄生电容，并在输出侧加共模抑制电感及电容，可减小输出的共模纹波噪声。超高频谐振噪声主要来源于高频整流二极管反向恢复时二极管结电容、功率器件开关时功率器件结电容与线路寄生电感的谐振，频率一般为 1～10MHz，通过选用软恢复特性二极管、结电容小的开关管和减少布线长度等措施可以减少超高频谐振噪声。MPPT 调节器参数设计的不适当也会引起纹波。当输出端波动时通过反馈网络进入调节器回路，可能导致调节器的自激振荡，引起附加纹波。此纹波一般没有固定的频率。

由上述分析可知，该开关电源对故障电弧特征的影响主要取决于开关管的开关频率。因为在光照强度变化时，输入电压的变化将最终导致开关管占空比的变化。在此，本章根据实际的开关频率 16kHz，以占空比保持在 D 为例，分析谐波的含量及大小。根据 Boost 工作原理可得开关管基极和发射极电压 U_{be} 和输入电流 I_{in} 的波形如图 3.15 所示。

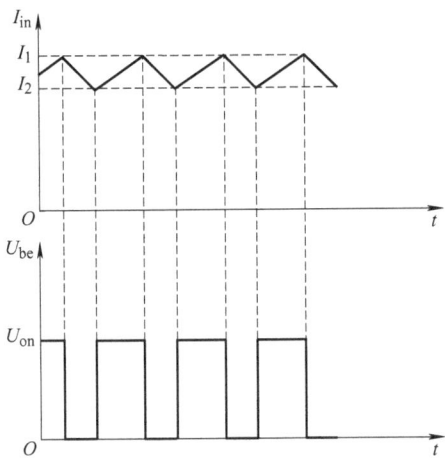

图 3.15 Boost 电路电流波形

输入电流表达如下：

$$I_{in} = \begin{cases} \dfrac{I_2 - I_1}{DT}t + I_1 & (nT \leqslant t < nT + DT) \\ -\dfrac{I_2 - I_1}{(1-D)T}t + \dfrac{I_2 - DI_1}{1-D} & (nT + DT \leqslant t < nT + T) \end{cases} \quad (3.10)$$

对式（3.10）进行傅里叶分解：

$$I_{in} = \frac{1}{2}a_0 + \sum_{n=1}^{\infty}(a_n \cos n\omega t + b_n \sin n\omega t) \quad (3.11)$$

其中，

$$\begin{cases} \dfrac{1}{2}a_0 = I_1 \\ a_n = \dfrac{I_2 - I_1}{\pi n}\left(\dfrac{1}{D(1-D)}\cos 2n\pi D - \dfrac{1}{2\pi nD}\right) \\ b_n = \dfrac{(I_2 - I_1)\sin 2n\pi D}{2\pi^2 n^2 D(1-D)} \end{cases} \quad (3.12)$$

频率为 $n\omega$ 的谐波分量的幅值为 $c_n = \sqrt{a_n^2 + b_n^2}$，$c_n$ 的大小与占空比 D，电流脉动 $I_2 - I_1$ 及谐波次数 n 有关。根据电路的理论知识，可以得到 $I_2 - I_1$ 与电感 L，占空比 D，开关管开关频率 f 和光伏板输出电压 U_{pv} 的关系式：

$$I_2 - I_1 = \frac{DU_{pv}}{fL} \tag{3.13}$$

又因为为了保证逆变器的工作效率，在光伏输出电压低于 700V 时，需要用 Boost 电路将输出电压稳定在 700V 左右，所以光伏板输出电压 U_{pv} 和占空比 D 满足式（3.14）的关系式：

$$U_{pv} = U_o(1 - D) \tag{3.14}$$

结合式（3.12）～式（3.14），可以得到谐波幅值 c_n 的幅值为

$$c_n = \frac{U_o D(1-D)}{n\pi fL} \sqrt{\left(\frac{\cos 2n\pi D}{1-D} - \frac{1}{2\pi n}\right)^2 + \left(\frac{\sin 2n\pi D}{2\pi n(1-D)}\right)^2} \tag{3.15}$$

在 Boost 升压电路其他元器件参数不变的情况下，输出电压 U_o，开关频率 f，电感 L 参量不会改变，所以幅值 c_n 仅与占空比 D 有关，下面做出谐波幅值 c_n 随占空比 D 及谐波次数的曲线，如图 3.16 所示。图 3.16 中从上到下分别是谐波次数 n 从小到大的谐波幅值随占空比变化曲线，可以看出随着谐波次数不断上升，谐波总体的幅值不断减小，同时谐波次数越多，在占空比幅值变化为 0 的点数越多。

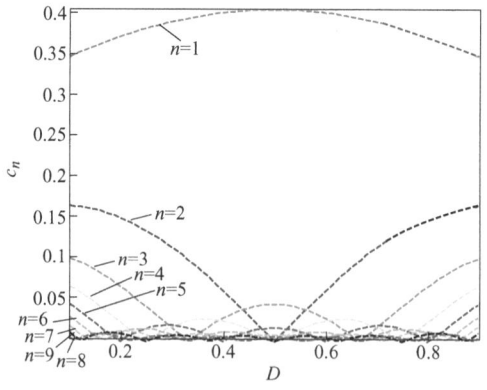

图 3.16 不同次数谐波幅值随占空比变化曲线

当逆变器正常工作时，光伏板在正常工作时随着光照强度的变化，输出的

电压不断在改变，为了达到输出电压匹配并提高直流利用率，需要用 Boost 电路将电压提高至 700V 左右向逆变器供电，所以 Boost 电路的占空比 D 可能从 0 到 1 之间变化，此时 16kHz 及其整数倍的谐波含量的幅值见表 3.5，因为从图 3.16 中可以看出谐波幅值是关于 D=0.5 对称的，所以表中只列出了 D 从 0.1 到 0.5 的变化情况。分别求出不同次数的谐波幅值后，以 n=1（f=16kHz）时的幅值为基准值，求出不同次谐波相对于 16kHz 时幅值的标幺值。从表中可以看出，当 $n \geqslant 6$，即频率大于等于 96kHz 时，谐波幅值低于 16kHz 时的 0.1，低了一个数量级，可以认为这些谐波可以忽略。根据上述分析，由传统 Boost 升压电路造成的在 16～80kHz 频段范围内的谐波不可忽略，会对故障电弧的交流分量造成影响。

表 3.5 不同次数谐波幅值统计表

谐波次数	D=0.1		D=0.3		D=0.5	
	实际值(I_2-I_1)	标幺值(pu)	实际值(I_2-I_1)	标幺值(pu)	实际值(I_2-I_1)	标幺值(pu)
n=1	0.35	1.00	0.39	1.00	0.41	1.00
n=2	0.17	0.48	0.11	0.29	0.00	0.00
n=3	0.10	0.29	0.02	0.04	0.05	0.11
n=4	0.07	0.19	0.02	0.05	0.00	0.00
n=5	0.05	0.13	0.02	0.05	0.02	0.04
n=6	0.03	0.09	0.01	0.02	0.00	0.00
n=7	0.02	0.05	0.00	0.01	0.01	0.02
n=8	0.01	0.03	0.00	0.02	0.00	0.00
n=9	0.00	0.01	0.00	0.01	0.01	0.01

由上述分析，得到的结论为光伏逆变器中的 DC-DC 升压电路因为开关管的开通和关断会导致电感内的电流充放电，因此产生了与开关频率及其整数倍相同的纹波噪声。在光伏板输出的功率不断变化时，噪声的幅值与 DC-DC 升压电路工作点的占空比 D 相关，关系式为式（3.15）。

3. 输入端 EMI 滤波器的滤波效果

因为逆变器工作的环境中存在着如各种雷达、导航、通信等人为干扰源及闪电等自然干扰源，这些干扰源会通过辐射和传导耦合的方式，会影响在此环境中工作的逆变器。另一方面，逆变器自身工作时也会产生电磁干扰噪声。因此，为了防止外部噪声干扰逆变器的控制电路及负载工作情况，也抑制逆变器自身对光伏输入的影响，需要在光伏板和 DC-DC 升压电路之间接入一个 EMI 滤波器。华为 SUN2000 中的输入 EMI 滤波器选用的是 LC 二阶滤波器,如图 3.17 所示。

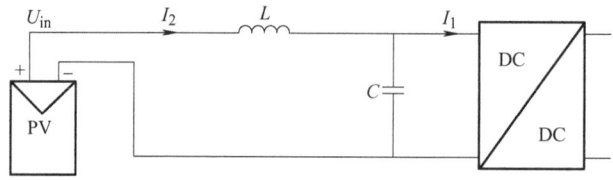

图 3.17　LC 二阶滤波电路

根据前面分析的结果可知因为电路的斩波缘故,Boost 电路的输入电流(即图 3.17 中 I_1)中夹杂了开关频率及其倍频的谐波含量。这些电流谐波含量会传递到光伏输出电流(即图 3.17 中 I_2)处,而由电感 L 和电容 C 组成的滤波器会对这些谐波有一个滤除的作用。下面具体分析该电感和电容对不同频率谐波的滤除能力。

为了研究电感和电容对由 DC-DC 变换器产生的谐波分量的滤除能力,将 DC-DC 变换器看成是输入端,光伏电池板看成是输出端。太阳能电池板的模型可以等效为一个电流源和电阻 R_{sh} 并联后再串联电阻 R_s,且电流源输出电流的表达式为 $I = I_L - I_0\left\{\exp\left[\dfrac{q(U+IR_s)}{AKT_c}\right]-1\right\}$,待定参量 I_L、I_0、q、A 仅与光伏电池板工作的环境温度和光照强度有关,电压 U 与所带负载有关,在本节分析时,认为外界环境不变,同时滤波器的加入对负载阻抗变化的影响可以忽略不计,所以该电流源是一个恒流源,如图 3.18a 所示。在考察系统中的交流分量时,将光伏电池板的恒流源开路,太阳能电池板模型等效为两个电阻 R_{sh} 和 R_s 的串联,串联电阻 R_s 阻值相对于并联电阻 R_{sh} 十分小,可以忽略不计。阻值 R_{sh} 由具体型号及工作环境里的光照强度和温度有关。滤波器接入后简化的电路如图 3.18b 所示:

对图 3.18b 中的参量列写方程可得

$$\begin{cases} U_1 = (-I_1 + I_2)\dfrac{1}{sC} \\ U_2 = -I_2 R_{sh} \\ U_1 = U_2 - I_2 sL \end{cases} \quad (3.16)$$

联立方程可以解得电流 I_1 和 I_2 的传递函数如下式:

$$G(s) = \dfrac{I_1}{I_2} = \dfrac{1}{1+sCR_{sh}+s^2LC} \quad (3.17)$$

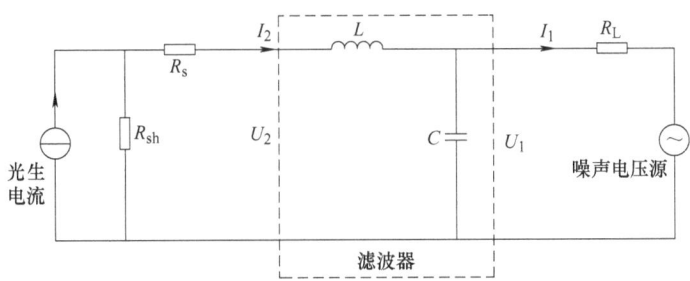

a) 光伏发电系统滤波模型

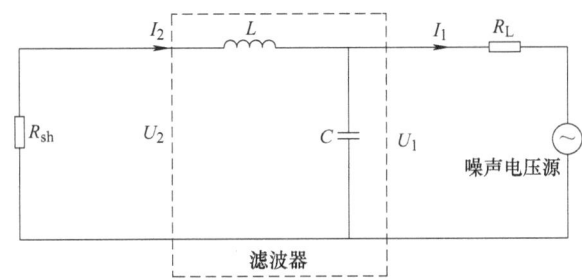

b) 光伏发电系统滤波器简化模型

图 3.18 光伏发电系统 EMI 滤波器等效电路

计算标准测试条件下的光伏电池板的内阻,以 JAP6-60 光伏板的特性为例,可以得到一块光伏板的电阻 $R_{sh}=3484\Omega$。代入电感 $L=0.61$mH,电容 $C=14.7$nF,13 块光伏板的电阻 $13\times R_{sh}=45.3$kΩ 对式(3.17)中的传递函数画出幅频特性曲线,如图 3.19 所示。当频率低于 200Hz 时,谐波响应 I_1 的幅值与 I_2 的幅值相比略有减小,差别不大,频率 f 和幅值 G 近似满足线性关系;当频率高于 200Hz 时,谐波响应 I_1 的幅值与 I_2 的幅值相比有所减小,且随频率不断增大,幅值呈逐渐减小的趋势,此时对数频率 $\lg G$ 和对数幅值 $\lg I$ 近似满足线性关系。因此可以写出式(3.18)所示的近似关系:

$$\begin{cases} G \approx 1 & (0 < f < 50\text{Hz}) \\ G = -1.57 \times 10^3 f + 1.08 & (50\text{Hz} \leqslant f < 200\text{Hz}) \\ 20\lg G = -19.85\lg I - 72.15 & (f \geqslant 200\text{Hz}) \end{cases} \quad (3.18)$$

因为该滤波器考察的是开关频率及其整数倍的衰减程度,在表 3.6 中列出了各个频率点的衰减程度。表中第一列是谐波的次数,本节中的华为逆变器 SUN2000 中 DC-DC 的开关频率基波为 16kHz,由上述谐波产生的分析可知,谐波次数越高,幅值越小,所以表 3.6 中仅列出谐波次数在 6 次以下的谐波。第三列数值表示原谐波幅值基础上经过滤波电路衰减后剩下的百分比。可以看到，随着谐波次数的增加，滤波电路的削减程度也不断增加，在 6 次以上的谐波削减为原先的 1%以下，对故障电弧的检测影响就可以忽略不计。

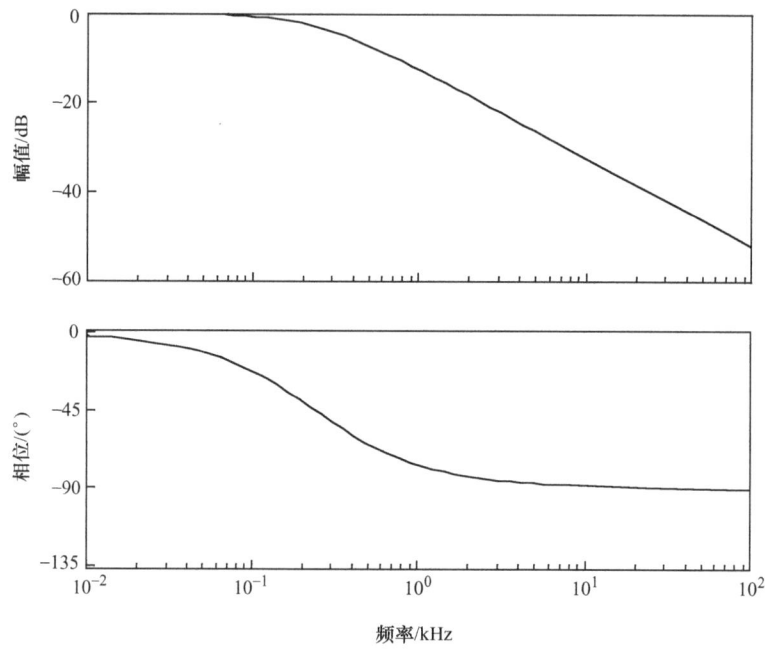

图 3.19　幅频特性曲线

表 3.6　不同次谐波幅值衰减统计表

谐波次数	频率/kHz	衰减后幅值(%)
$n=1$	16	9.37
$n=2$	32	4.69
$n=3$	48	3.13
$n=4$	64	2.35
$n=5$	80	1.88
$n=6$	96	1.56

3.5.3　逆变器噪声对故障电弧的影响分析

图 3.20 所示是 15～90kHz 带通滤波后的峰-峰值比较，横坐标为电流。其中，所有黑色的标记表示的是正常情况，所有灰色的标记表示的是串行故障电弧情况，

矩形框内的黑色"●"标记表示的是并行故障电弧情况。不同灰度的标记"●"表示在南航实验室负载为逆变器的实验数据，不同灰度的标记"▲"表示为阻性负载的实验数据。

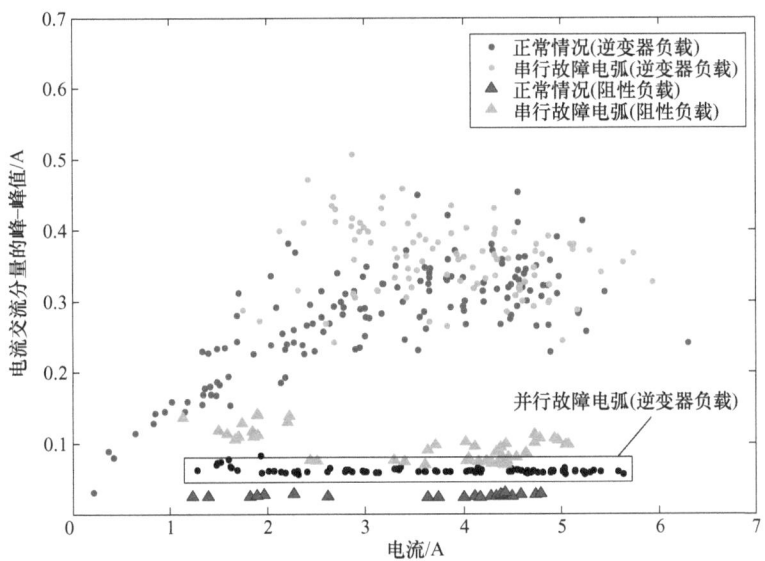

图 3.20　15～90kHz 带通滤波后的峰-峰值比较

首先分析阻性负载的实验数据。正常电流的峰-峰值基本不变，而串行故障电弧电流的峰-峰值随着电流的增大而呈现出减小的趋势，是因为电流越大，电弧越稳定，电弧引起的噪声也越小。

然后分析逆变器为负载的实验数据。正常电流的峰-峰值总体上随着电流的增大呈现增大的趋势，主要是因为 16kHz 频率点的幅值随着电流的增大而呈现增大的趋势。串行故障电弧电流的峰-峰值整体上随着电流的增大呈现减小的趋势，主要是因为串行故障电弧引起的噪声随着电流的增大呈现减小的趋势。并行故障电弧电流的峰-峰值在小于 2A 时，有减小的趋势，由于 16kHz 频率点幅值的影响，使得正常电流和串行故障电弧电流之间的峰-峰值差异减小，数值重叠在一起。而由于并行故障电弧电流不存在 16kHz 及其整数倍频率的谐波，使得并行故障电弧电流的峰-峰值基本都处在正常电流的峰-峰值之下。

最后分析不同负载的实验数据。同样由于逆变器噪声的影响，正常电流（逆变器负载）的峰-峰值明显大于正常电流（阻性负载）的峰-峰值，串行故障电弧电流的情况类似。

图 3.21 所示是 15～90kHz 带通滤波后的标准差比较，横坐标为电流。图 3.21 的分析结果与图 3.20 的类似，这里不再赘述。

图 3.22 所示为 16~90kHz 频带范围内的功率和比较，横坐标为电流。图 3.22 的分析结果与图 3.20 的类似，这里不再赘述相同的分析内容。

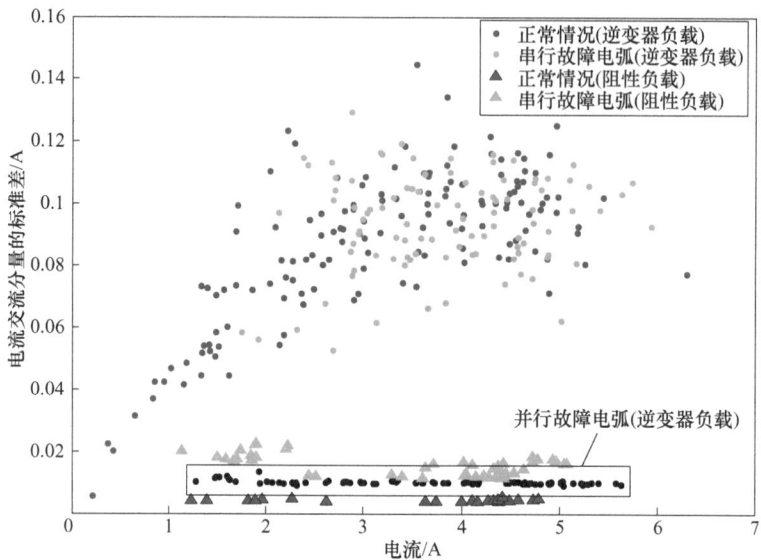

图 3.21 15~90kHz 带通滤波后的标准差比较

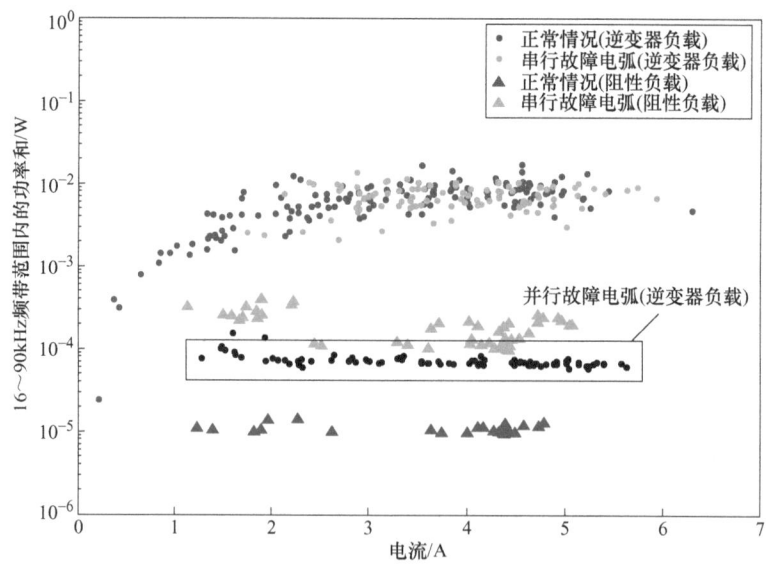

图 3.22 16~90kHz 频带范围内的功率和比较

综上所述，对于逆变器负载，由于逆变器噪声对电弧电流的影响，使得 15~

90kHz 带通滤波后的峰-峰值、15～90kHz 带通滤波后的标准差、16～90kHz 频带范围内的功率和这三个量都无法作为故障电弧检测的特征量。因此，在进行故障电弧检测时，必须考虑逆变器噪声的影响，所提取的故障电弧特征量不能受逆变器噪声的干扰，否则故障电弧检测装置将无法检测出故障电弧或者发生误判现象。

3.6 直流电弧故障高频特性与传输线之间的相互影响分析

3.6.1 直流电弧故障高频特性对传输线电气参数的影响分析

考虑到直流系统中，当直流电弧故障发生以后，会对系统电流产生两方面的影响：①由于电弧电阻的存在，导致其系统电流的直流分量发生变化；②由于电弧故障所引入的电气噪声，使得系统电流的交流分量幅值增大，波动增加。而直流电弧故障的这一高频特性，会导致传输线交流阻抗和损耗的进一步增加，本小节主要针对直流电弧故障发生后，对原有直流系统电气参数产生的影响进行对比研究，这里参与对比的电气参数包括：单位长度阻抗 ΔZ、单位长度压降 ΔU、单位长度损耗 ΔP 等参数。

电感受频率变化影响较小，因此高频谐波主要对传输线的交流电阻产生影响。以电缆 PVC-35mm^2 为例，半径 3.272mm，中心距离 10mm，计算得到的交流电阻值与有限元仿真软件 ANSOFT 计算得到的仿真值进行对比，如图 3.23 所示。

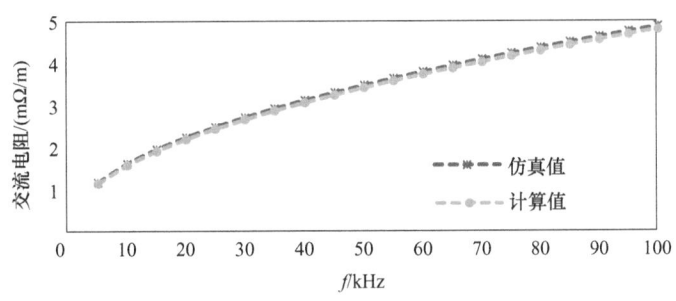

图 3.23 两根电缆间在不同频率下的交流电阻值

从图中对比结果可以看出，随着频率的增大，两根电缆间的交流电阻值在增加，且所建立的交流电阻计算公式具有较高的精度。

根据 3.6 节中传输线理论的分析，直流电弧故障的高频特性会对传输线的特征参数产生较大的影响，且直流电弧故障的频谱幅值较正常情况也大很多，因此由于直流电弧故障发生而在传输线上引起的压降和损耗所受影响也较大。

根据传输线理论，两根导体间单位长度阻抗如下：

$$\Delta Z = (\Delta R + j\omega\Delta L) // \frac{1}{j\omega\Delta C} \quad (3.19)$$

式中，ΔR 为单位长度电阻；ΔL 为单位长度电感；ΔC 为单位长度电容；ω 为角频率。

$$\Delta L = \frac{\mu_0}{2\pi}\left(\frac{\mu_r}{4} + \ln\frac{p}{a_w}\right) \quad (3.20)$$

式中，p 表示两线之间中线轴距离；a_w 表示导体半径。

电容是描述导体系统存储电荷能力的物理量，如果一个导体系统的形状、位置及周围介质确定，则其电容 C 便已经确定。双导体传输线的分布电容计算公式如下：

$$\Delta C = \frac{\pi\varepsilon}{\ln\left(\dfrac{p+\sqrt{p^2-d_w^2}}{d_w}\right)} \quad (3.21)$$

式中，d_w 为导体直径。

由于传输线的特征参数与其自身的布线方式、导体半径等参数具有明显的相关性，因此这里以电缆 PVC-35mm^2 为例，半径 3.272mm，中心距离 10mm，参与对比的正常和电弧情况的实验条件为：电压 28V、电流 10A、纯阻性负载、串行电弧。

不同频率下在传输线上引起的电压降如图 3.24 所示，其中黑色线条为正常情况在不同频率下的压降变化图，灰色线条为电弧情况在不同频率下的压降变化图。从图中对比结果可以看出，正常和电弧情况下的单位长度压降，均呈现随着频率的增大，压降上升的趋势，且电弧情况的压降在任意频率点处均大于正常情况的压降，以频率为 50kHz 为例，正常情况下的压降为 6.33×10^{-5}V，电弧情况下的压降为 0.0026V，相差两个数量级，即当直流电弧故障发生后，其高频特性会影响传输线上压降的大小，进而影响电能质量。

在相同的对比条件下，正常情况和直流电弧情况下的单位长度损耗计算公式如式（3.22）所示，其不同频率下的损耗变化如图 3.25 所示。其中黑色线条为正常情况在不同频率下的损耗变化图，灰色线条为电弧情况在不同频率下的损耗变化图。

$$\Delta P = I^2 \Delta R \tag{3.22}$$

式中，ΔP 为单位长度损耗；I 为电弧电流；ΔR 为单位长度电阻。

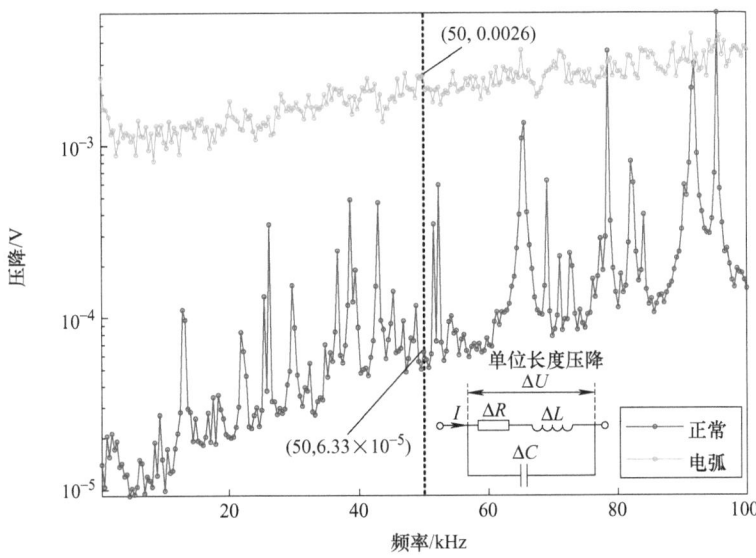

图 3.24 两根电缆间在不同频率下的单位长度压降

从图 3.25 中对比结果可以看出，正常和电弧情况下的单位长度损耗，电弧情况变化趋势和电流频谱幅值的变化趋势相似，随着频率的增大逐渐减小，然后趋

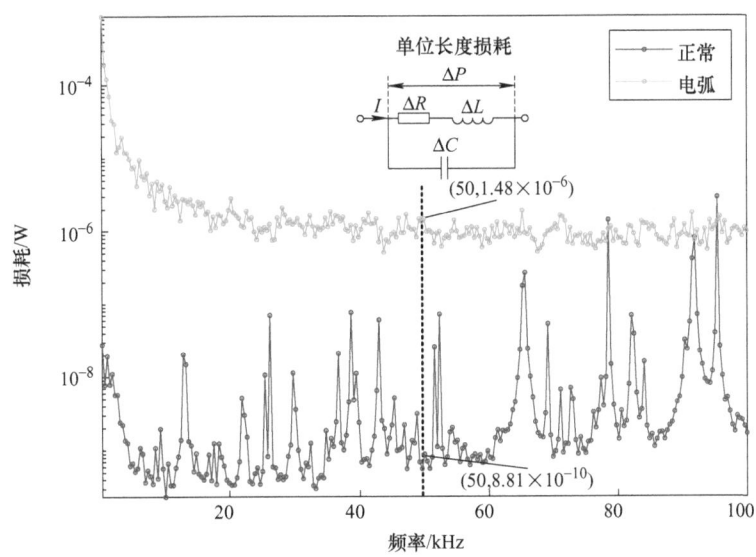

图 3.25 两根电缆间在不同频率下的单位长度损耗

于平稳，正常情况变化趋势则是呈现波动上升的趋势。同样地，不同频率情况下，电弧故障的损耗均比正常情况损耗大很多，以频率为 50kHz 为例，正常情况下的压降为 8.81×10^{-10}V，电弧情况下的压降为 1.48×10^{-6}V，相差四个数量级，即直流电弧故障发生后，会使传输线上的损耗增加。

综上，由于直流电弧故障的高频特性的存在，且频率大小可达数十千赫，所对应的频谱幅值也较正常情况大很多，因此需要对直流电弧故障的高频幅值对传输线的影响进行分析，虽然直流电弧故障所在的系统为直流系统，但是其高频部分对传输线的影响与交流系统中的影响相似，需要考虑不同频率点下趋肤效应和邻近效应的存在，对传输线的电气参数（交流电阻、压降、损耗等参数）的变化规律进行研究。研究发现，直流电弧故障在高频幅值下确实会对传输线的电能质量产生影响，在评估电弧故障危害时需要进行考虑。

3.6.2 传输线线长对直流电弧故障高频特性的影响分析

众所周知，长距离的电缆对电能进行输送带来的问题就是信号的衰减，信号衰减指的是信号在传递过程中功率逐渐减小的过程。考虑到电力电子化直流系统中线缆长度可达数百米，当发生电弧点和故障检测点之间的电缆长度较长时，主回路线路中由于电弧故障引入的电流交流分量增量传递到电弧故障检测装置处时就会有一定的衰减，从而导致电弧故障特征不够明显，有可能会影响检测算法的准确性。根据传输线理论，信号的衰减程度会随着电缆的线长和线径的变化而变化。本部分主要针对电缆线长和线径对电流交流分量信号的衰减作用展开分析，基于传输线电路模型进行衰减程度的理论值计算。

考虑到被测电缆长度可达数百米，结合电弧检测噪声频带，电弧检测噪声最小波长约为 3km，电缆的最大尺寸远小于波长，属于电小尺寸，可以用传输线集总参数模型对信号的传输特性进行分析，主要参数有电阻、电感、电导和电容。本小节讨论的是直流系统中电缆长度和半径对电弧故障检测的影响，系统中直流电源最大电压为 600V，因此不需要考虑电导这一参数的影响，其他三个参数需要根据被测电缆和被测系统的特点进行计算。

1. 电阻计算

在不同电缆半径和中心间距下，可以得到导体交流电阻值随频率的变化关系如图 3.26 所示。

从图中对比结果可以看出，随着频率的增大，两根电缆间的交流电阻值在增加。并且随着两根导体间中心距离及导体半径的增大，交流电阻值在减小，这与

第 3 章 直流电弧故障特征分析

2.3 节中的分析一致,当两根导体距离较远时受邻近效应的影响较小,而单根导体较粗时趋肤效应的影响也较小。

2. 电感计算

基于电感计算公式(3.20),在不同电缆半径和中心间距下,可以得到导体电感的变化关系如图 3.27 所示。从图中对比结果可以看出,随着导体直径的增大,

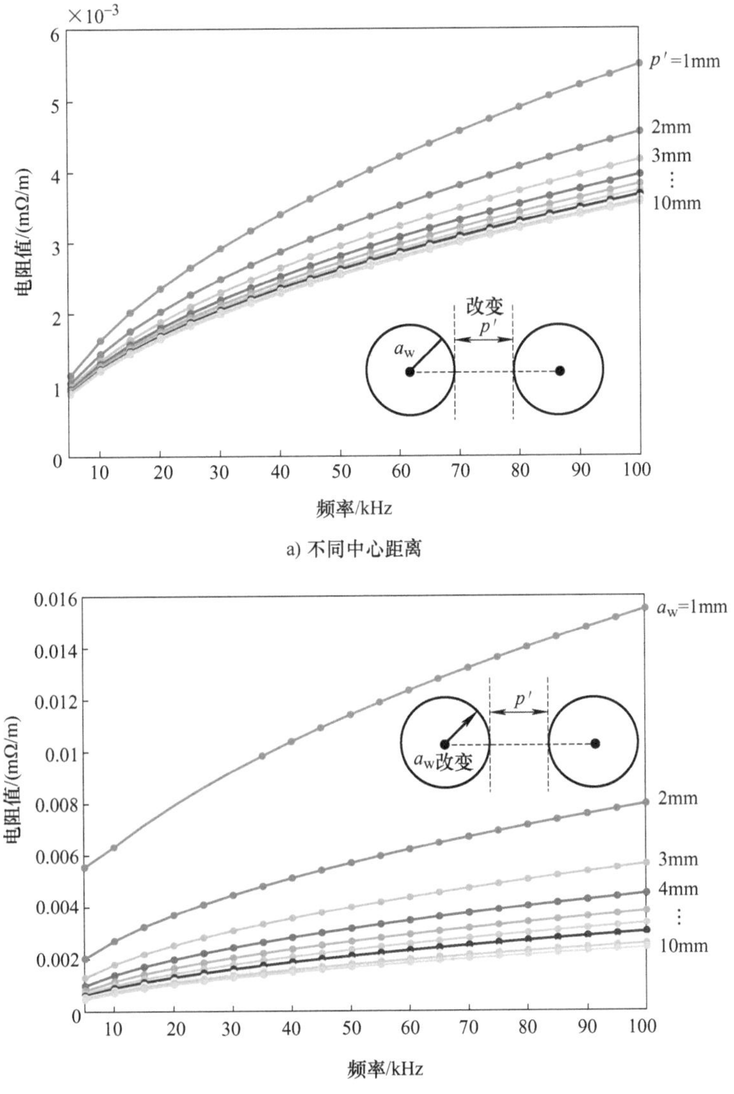

a) 不同中心距离

b) 不同电缆半径

图 3.26 两根电缆间在不同频率下的交流电阻值

电感在减小，并且减小的幅度越来越小，而随着导体间中心距离的增大，电感在增大，增大的幅度也越来越小。以 PVC-35mm² 为例，半径 3.272mm，中心距离 10mm，根据式，计算得到的导体电感为 0.384μH/m。

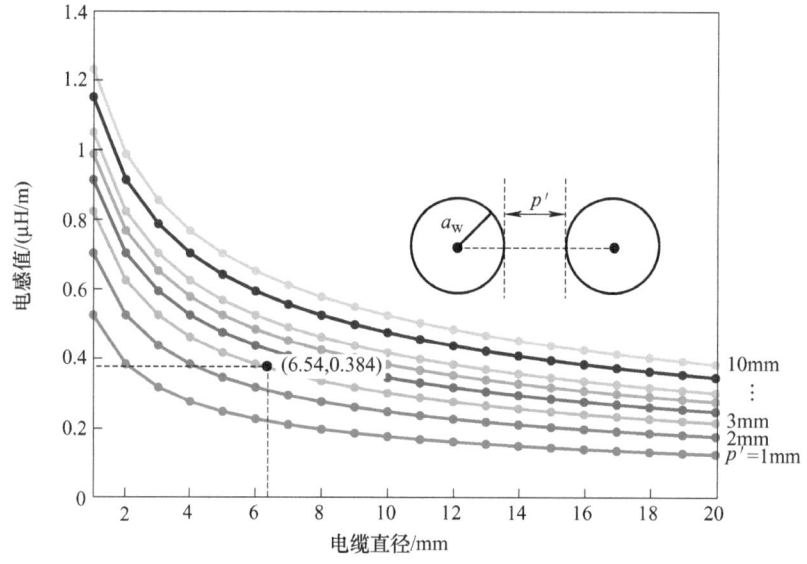

图 3.27 两根电缆间不同情况下的电感值

3. 电容计算

基于电容公式（3.21），在不同电缆半径和中心间距下，可以得到导体电容的变化关系如图 3.28 所示。

从图中对比结果可以看出，随着导体直径的增大，电容在增大，而随着导体间中心距离的增大，电容在减小，减小的幅度也越来越小。以 PVC-35mm² 电缆为例，半径 3.272mm，中心距离 10mm，根据式（3.21），计算得到的导体电容为 28.95pF/m。

根据传输线理论，将式中的 $U(z)$ 写为 U，$I(z)$ 写为 I，得到如下传输线方程：

$$\left. \begin{array}{l} -\dfrac{\mathrm{d}U}{\mathrm{d}z} = (R + \mathrm{j}\omega L)I \\ -\dfrac{\mathrm{d}I}{\mathrm{d}z} = (G + \mathrm{j}\omega C)U \end{array} \right\} \quad (3.23)$$

式中，$Z_0 = R + \mathrm{j}\omega L$ 为传输线单位长度的串联阻抗；$Y_0 = G + \mathrm{j}\omega C$ 为传输线单位长

度的并联导纳，特征阻抗为 $Z_C = \sqrt{Z_0/Y_0}$。

$$\left.\begin{aligned} \frac{\mathrm{d}^2 U}{\mathrm{d}z^2} - \gamma^2 U &= 0 \\ \frac{\mathrm{d}^2 I}{\mathrm{d}z^2} - \gamma^2 I &= 0 \end{aligned}\right\} \quad (3.24)$$

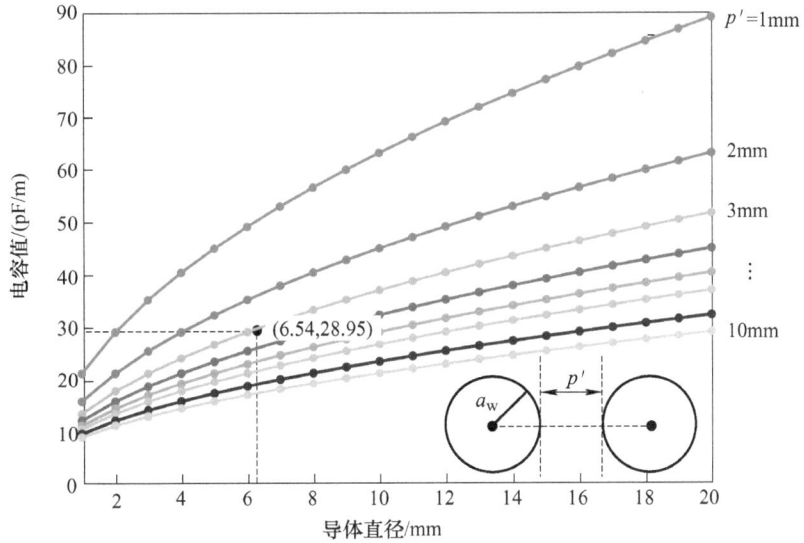

图 3.28　两根电缆间不同情况下的电容值

等式两边对 z 再微分一次，可以得到二阶常微分方程，也叫均匀传输线波动方程，γ 为传输线上波的传播常数。

$$\gamma = \sqrt{(R+\mathrm{j}\omega L)(G+\mathrm{j}\omega C)} \quad (3.25)$$

在已知始端电压 U_1 和电流 I_1 的情况下，可以用以下公式求得距离始端 x 米处的电压 U 和电流 I。

$$\begin{cases} \dot{U}(x) = \dot{U}_1 \mathrm{ch}\gamma x - Z_C \dot{I}_1 \mathrm{sh}\gamma x \\ \dot{I}(x) = -\dfrac{\dot{U}_1}{Z_C} \mathrm{sh}\gamma x + \dot{I}_1 \mathrm{ch}\gamma x \end{cases} \quad (3.26)$$

根据上式，可以得到距离始端 xm 衰减后的电流幅值。根据直流电弧故障发生时的特点，即相当于一个高频谐波产生源，那么产生直流电弧故障后的输入电流 I_1 和 U_1 如式（3.27）所示：

$$I_1(t) = A_0 + \sum_{n=1}^{\infty} A_n \cos(\omega_n t + \varphi_n) \tag{3.27}$$

$$U_1 = I_1 R_{arc} \tag{3.28}$$

其中，$\omega = 2\pi f$，在不同的频率点下，A_n 具有不同的值，而在不同的频率下，由于交流电阻值的不同，衰减的系数也有所不同，因此不同频率下的衰减情况需要单独考虑。式（3.28）中，R_{arc} 为电弧阻抗。仍以 PVC-35mm² 电缆为例，半径3.272mm，中心距离 10mm，其不同距离处的频谱幅值如图 3.29 所示。

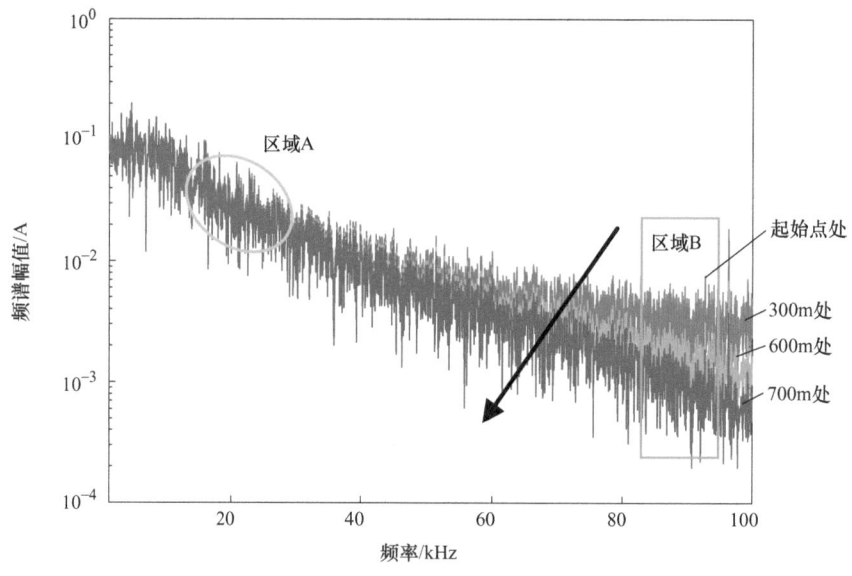

图 3.29　不同距离处的频谱幅值图

从图中对比结果可以看出，直流电弧情况的频谱幅值随着频率的增大在减小，而随着频率的增大，频谱幅值的衰减也越明显，当然，随着线缆长度的增加，衰减的程度也在增加。接下来分别取 20kHz 附近和 90kHz 附近的两个区域的个别频率点，对 0～700m 线长范围的衰减情况进行分析。

从图中对比结果可以看出，在区域 A 范围内的频谱幅值，随着线缆长度的增大，也有所衰减，只是衰减幅度不大，图 3.30a 中的频谱幅值并未呈现出随着频率增大而减小的规律，因此个别频率点存在波动上升的情况；而区域 B 范围内的频谱幅值，频谱幅值随着电缆长度的增大具有较大的衰减。

综上所述，线缆的长度确实会对直流电弧故障的频谱幅值产生影响，在实际检测过程中，需要根据线长考虑阈值的选择和电弧故障检测算法的设计。

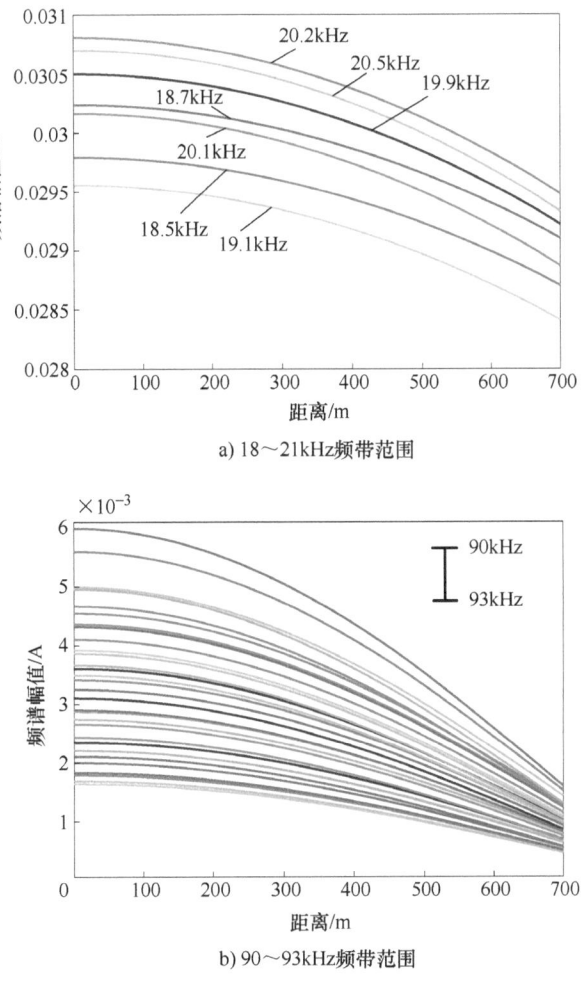

a) 18~21kHz频带范围

b) 90~93kHz频带范围

图 3.30 不同线缆长度下的频谱幅值衰减情况

3.7 本章小结

本章基于所搭建的平台采集了多种工作状态下的电流数据，从时域、频域以及随机性的角度共分析了 15 种故障特征，定量对比了发生电弧故障前后不同特征的变化情况，从不同的角度揭示了叠加在电流信号上的电弧特性。电弧电流在时域上表现为波动幅值增加、随机性"毛刺"增多，在频域上表现为能量幅值增大且不同频带能量分布差异性增强。本章通过分析了 15 种特征对正常和电弧的区分性能，结果表明不同类型的特征对正常和电弧的区分能力存在差异，而且非线性负载情况会抑制特征对正常和电弧状态的区分性能，温度、气压以及电弧发生类型对特征分布特性的影响没有明显的规律性。由于电弧具有极强的随机性，采用单一的特征并设定阈值难以实现准确的电弧故障检测，因此在后续研究过程中需采用机器学习的方法融合不同的特征，实现不同特征的优势互补，并挖掘高维特征向量与电弧故障之间的复杂非线性关系，在保证检测速度的前提下提升电弧故障检测方法的检测准确度与泛化能力。本章的特征分析为后续章节电弧模型以及电弧故障检测算法的研究奠定了基础。

第4章 直流电弧故障模型及其参数辨识方法

4.1 引言

开展电弧故障检测方法研究成本高、危险性强。若能对电弧进行准确的建模,并基于模型在仿真环境下生成的高保真数据研究电弧故障检测方法,能够有效提升研究效率并降低研究成本,因此电弧模型为检测方法的研究提供了一种灵活、低成本的途径。基于第 3 章的特征分析结果,可知电弧的特性主要表现为阻抗特性与噪声特性,因此电弧建模的过程也主要对这两个特性进行描述。当前对电弧模型的研究已有大量的成果,但存在对电弧静态特性和噪声特性拟合性能不足的问题。本章为了提升直流电弧建模的准确度,从建模方法与参数辨识方法两方面提出改进,创新点主要包含三方面:

1)提出 Hook 静态模型,以解决当前直流电弧静态模型无法充分表现静态曲线中转折点前后非线性的问题。

2)从频域的角度对直流电弧高频噪声进行建模,提出了分段噪声模型。分段噪声模型不仅能够控制转折频率点之前频谱能量的下降速度,而且在转折频率之后能使频谱能量保持白噪声的形式。

3)本章通过将混沌序列引入量子布谷鸟搜索算法(quantum cuckoo search,QCS),提出一种新型的启发式优化算法,以提升对 Hook 静态模型以及分段噪声模型参数辨识的准确度。混沌机制包括:①基于混沌映射对种群初始化并生成随机参数 p,从而增强种群的多样性,并迭代过程中是算法在局部勘探和全局搜索间保持平衡;②基于混沌局部搜索进一步更新最优个体的位置,从而有利于种群跳出局部最优并加快收敛速度。混沌量子布谷鸟优化算法是一种集成式创新,探索了一种提升传统量子布谷鸟优化算法的新途径。

本章基于实验数据验证了 Hook 静态模型、分段噪声模型以及 CQCS 的有效性。一方面,通过与 7 种先进的优化算法的对比验证了 CQCS 的先进性。另一方面将所提模型与通过已有模型进行对比验证本章多提出两种模型的有效性。本章最后将从不同模型中提取不同类型故障特征与实际数据中提取的特征进行对比,证明所提模型能够从不同角度准确刻画电弧的特性。

4.2 直流电弧静态特性与噪声特性

利用第 2 章 2.5.3 节搭建的电弧故障研究平台,采集电弧电压与电流数据,并在第 3 章特征分析的基础上结合电弧建模的需求对直流电弧静态特性与噪声特征进行更深入的分析。图 4.1 所示为发生电弧故障前后时刻电弧发生器两端电压与电流波形。由图可知,当系统中发生电弧故障时,流过电弧发生器的电流迅速下降,电弧发生器两端电压迅速上升,然后电流和电压维持在一个稳定范围内。电流和电压波形表明电弧表现出阻抗特性,而且其电流和电压信号中蕴含丰富的高频噪声。因此,为了实现对直流电弧准确地建模,就必须同时考虑其静态特性与噪声特性。

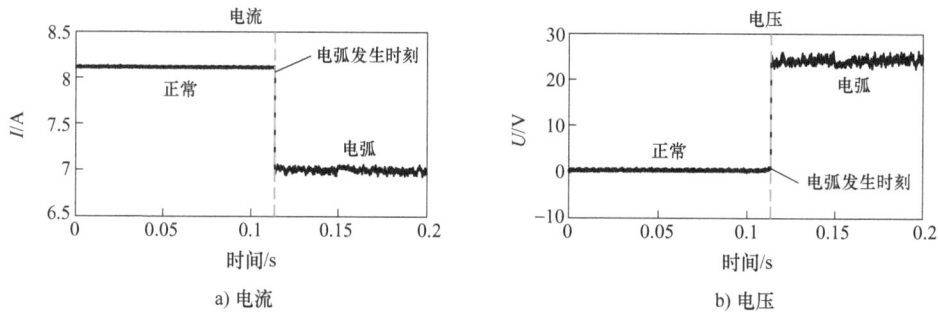

图 4.1 发生电弧故障前后时刻电弧发生器两端电压与电流波形

4.2.1 直流电弧静态特性

图 4.2 所示为不同弧长情况下的直流电弧静态曲线。由图可知,电弧电流与电压呈明显的非线性关系。在小电流区域,随着电弧电流的增大,电弧电压呈下降的趋势。在大电流区域,随着电弧电流的增大,电弧电压呈上升的趋势。直流电弧静态曲线中包含明显的转折点。

小电流情况下,电极间的空气未被电弧完全击穿。因此,电子在电极两端移动过程中承受较大的阻抗,因此宏观上表现为电弧的阻抗相对较大。随着电流的增大,电极间的空气被击穿得越彻底,电弧等效电阻逐渐减小。当电流增大到一定值,空气被击穿的程度逐渐接近于稳定,导致电弧等效电阻下降速率减小而趋于一个定值。从而在大电流情况下随着电流的增加,电弧电压呈上升的趋势。当电流一定时,随着弧长的增加,电弧电压上升。而且弧长越长,电弧静态特性曲线中转折点处所对应的电流和电压值越大。而且由图 4.3 电弧电流频谱能量分布可知，当电流恒定时增加电弧弧长，电弧电压会随之增加。同时弧长越大，静态曲线转折点所对应的电流和电压值也随之增大。这是由于弧长的增加，电极两端的电子在空气中传播路径加长，运动过程中损失更多的能量，在宏观层面导致电弧等效电阻的增加。

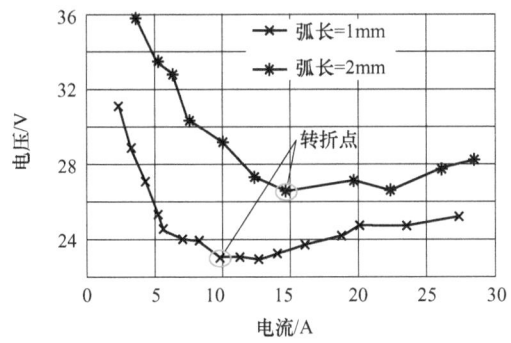

图 4.2 不同弧长情况下的直流电弧静态曲线

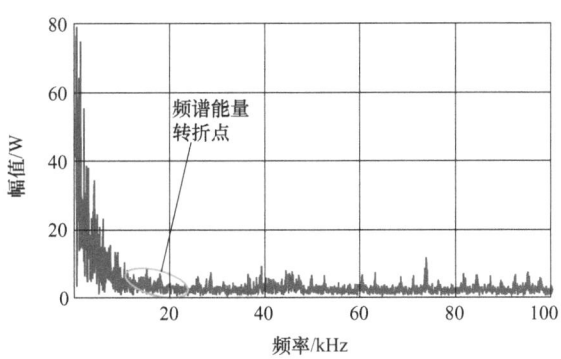

图 4.3 电弧电流频谱能量分布

4.2.2 直流电弧噪声特性

电弧的噪声模型通常为电流信号的高频特性。在仿真过程中可以在静态模型处并联噪声模型，产生包含高频噪声的电流，实现对系统中电弧噪声的模拟[14]。电弧电流的高频噪声成分主要在 0.1～100kHz 的范围内[18]，因此本章只在此频带范围内研究电弧噪声的建模方法。由图 4.1 所示的发生电弧故障前后时刻电弧发生器两端电压与电流波形。可知，电弧电流相比于正常情况表现出更强的随机性，高频噪声含量丰富。当弧长为 2mm，电流为 8.49A 时，电弧电流高频成分的频谱能量分布如图 4.3 所示。在低频段，随着频率值的增大，频谱幅值呈下降趋势，表现为有色噪声形式。在高频段，频谱幅值保持稳定并表现为白噪声形式，并包含少量环境噪声。频谱能量在 20kHz 左右存在明显的转折点。

4.3 直流电弧静态模型与噪声模型

基于第 3 章的分析结果，为了准确表现直流电弧的静态特性与噪声特性，本节分别针对性地研究直流电弧静态模型与噪声模型，并对原有模型进行改进以提升模型的性能。

4.3.1 直流电弧静态模型

Warrington 模型是表现电弧静态特性最为著名的形式之一，如下：

$$U_{\text{arc}} = \frac{A}{(I_{\text{arc}})^n} + B \tag{4.1}$$

式中，U_{arc} 为电弧电压；I_{arc} 为电弧电流；n、A 和 B 为模型参数。

这些参数与电极材料、气体压力、气体介质、环境温度等因素有关。式（4.1）中，当 I_{arc} 增大，U_{arc} 趋近于一定值 B。但根据图 4.3 中的结果，直流电弧的静态特性曲线存在明显的转折点。在大电流情况下，随着 I_{arc} 的增大 U_{arc} 呈上升趋势。显然 Warrington 模型无法有效反映这一现象。

本章提出了一种 Warrington 模型的改进形式，即 Hook 模型，如下：

$$U_{\text{arc}} = \frac{A}{(I_{\text{arc}})^{n_1}} + B \times (I_{\text{arc}})^{n_2} + C \tag{4.2}$$

式中，n_1、n_2、A、B 和 C 为模型参数。在大电流情况下，U_{arc} 不再趋近一定值，而是 U_{arc} 与 I_{arc} 呈非线性关系。通过准确辨识参数 n_1、n_2、A、B 和 C，Hook 模型相比于 Warrington 模型能够有效地反映电弧静态特性曲线转折点附近的非线性特征。

4.3.2 直流电弧噪声模型

研究者通常采用高斯白噪声或粉色噪声模拟故障电弧的高频噪声特性。白噪声的频谱能量在整个频带范围内呈均匀分布。粉色噪声的频谱能量与频率值的倒数呈正相关。频谱能量随频率值的增加递减。粉色噪声模型的表达式如下：

$$S(f) = \frac{L}{f} \times S_{\mathrm{w}}(f) \tag{4.3}$$

式中，f 为频率值；$S(f)$ 为频谱能量函数；S_{w} 为白噪声频谱能量函数；L 为参数，用来控制频谱能量幅值。

但由前面章节的分析可知，电弧电流频谱能量分布在低频段和高频段明显不同。白噪声与粉色噪声都难以有效反映电弧频谱能量分布的特点。本章提出了一种新型的分段噪声模型如下：

$$S(f) = \begin{cases} \dfrac{L \times S_{\mathrm{w}}(f)}{(f)^k} & f < f_0 \\ \dfrac{L \times S_{\mathrm{w}}(f)}{(f_0)^k} & f \geqslant f_0 \end{cases} \tag{4.4}$$

式中，f 为频率值；$S(f)$ 为频谱能量函数；S_{w} 为白噪声；f_0 为拐点频率；L 为控制频谱能量的幅值；k 为控制频谱能量下降的速率。

电弧噪声的频谱能量在 20kHz 左右存在明显的转折点，本章所提出的分段噪声模型在小于转折频率的低频段利用有色噪声的形式，而在大于转折频率的高频采用白噪声的形式进行建模，呈现出分段建模的结构。基于分段函数的形式，通过控制参数 f_0、L 和 k，分段噪声模型能够更精确地拟合实际电弧电流中高频噪声的频谱能量分布。

4.3.3 用于电弧模型参数辨识的适应度函数

模型参数的选取合适与否直接影响到建模的准确度。Hook 静态模型和分段噪声模型中分别包含 5 个和 3 个参数，难以通过解析的方法求得其中参数值。因此可将参数辨识问题转化为优化问题，并基于启发式优化算法求解模型参数。对式（4.3）以及式（4.4）中的参数进行辨识前，需设计合理的适应度函数评估参数辨识的准确度。

本章适应度函数采用方均根误差的形式（root mean square error，RMSE）为

$$\mathrm{RMSE} = \sqrt{\frac{1}{P_{\mathrm{oi}}} \sum_{t=1}^{P_{\mathrm{oi}}} [E(t)]^2} \tag{4.5}$$

式中，$E(\cdot)$ 为误差方程；P_{oi} 为数据点的个数。在解决不同类型参数辨识问题时，P_{oi} 的个数视实际实验数据而定。

1. Hook 静态模型的误差方程

Hook 静态模型的误差方程定义为如下形式：

$$E_H(t) = U_{arc} - \frac{A}{(I_{arc})^{n_1}} + B \times (I_{arc})^{n_2} + C \tag{4.6}$$

式中，x_H 为 Hook 静态模型的参数向量，$x_H = [A, n_1, B, n_2, C]$；$U_{arc}$ 和 I_{arc} 为基于实验获取的电弧电压与电弧电流数据；$E_H(t)$ 为 Hook 静态模型的误差方程，$t \in [1, 2, \cdots, P_{oi}]$。

在式（4.6）中，P_{oi} 等于伏安特性曲线中数据点的个数。式（4.6）的本质为计算相同电弧电流情况下电弧模型输出的电弧电压与实际电弧电压之间的误差。

2. 分段噪声模型的误差方程

本节通过计算不同频带段模型输出信号与实际信号间频谱能量和的差值，以评估分段噪声模型对实际电弧电流噪声频谱分布拟合的准确度。本节电流信号的采样率为200kHz，由奈奎斯特采样定理知可分析的频带范围为0～100kHz。如果随划分的频带段（frequency band fragment，FBF）过多，则每个 FBF 的能量点过少则所求得的频带能量和缺乏统计意义。若所划分的 FBF 过少，则无法反映频域内能量分布的差异性。因此，综合考虑以上因素，本节将 0～100kHz 频带范围平均划分为 20 份，每份的频带宽度为 5kHz，如图 4.4 所示。

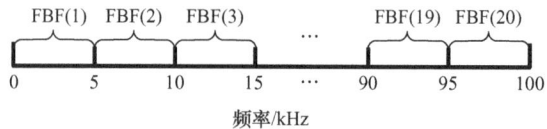

图 4.4 电弧电流频带能量分布

分段噪声模型的误差方程如下：

$$E_N(t) = \frac{S_t' - S_t}{\text{num}f}, \quad t \in [1, 2, \cdots, 20] \tag{4.7}$$

其中，S_t' 为实际数据在 FBF(t) 的能量和；S_t 为模型输出数据在 FBF(t) 的能量和；num$f$ 为 FBF(t) 中包含的数据点个数，$t \in [1, 2, \cdots, P_{oi}]$。本节，$P_{oi}$ 为 FBF 的个数，$P_{oi} = 20$。由于直流电弧噪声主要分布于 0.1～100kHz 的频带区间[18]，本节在此区间研究直流电弧噪声的建模方法。

4.3.4 模型参数范围

模型参数辨识是搜索 Hook 静态模型与分段噪声模型最佳参数组合的过程，所获取的最佳参数组合能够使适应度函数 RMSE 最小化。在辨识参数之前首先要定义各个参数的取值范围，参数范围见表 4.1。

表 4.1 模型参数范围

模型类型	参数	上界	下界
Hook 静态模型	A	100	0
	n_1	0	-10
	B	10	0
	n_2	5	0
	C	100	-100
分段噪声模型	L	2000	0
	k	3	0
	f_0	25kHz	15kHz

4.4 混沌量子布谷鸟优化算法

4.4.1 量子布谷鸟优化算法

量子计算近年在启发式优化算法领域的研究受到了广泛的关注，量子机制能够有效提升启发式优化算法的收敛速度并削弱早熟现象[96-98]，已成功应用 T-S 模糊模型参数辨识以及太阳能参数辨识问题中。QCS 的原理如下[100]：

在量子计算领域，Schrödinger 方程定义了粒子的状态的变化规律[99]。若不考虑时间因素，可由 Schrödinger 方程推导出粒子位置和粒子状态间的函数关系[100]，如下：

$$|\psi(\gamma)|^2 = \frac{1}{\sqrt{L}} \exp\left(-\frac{2|\gamma|}{L}\right) \quad (4.8)$$

式中，ψ 为波函数；γ 为粒子位置；粒子的状态概率为 $|\psi(\gamma)|^2 \in (0,1)$。

在 QCS 中，L 代表个体 x_i 的位置和种群平均位置 $\bar{x}$ 间的距离，$L = 2\delta|\bar{x} - x_{i,k}|$，$\eta = |\psi(\gamma)|^2$，$s'_{i,k} = |\gamma|$。个体的量子更新机制可表示为

$$s'_{i,k} = \delta|\bar{x} - x_{i,k}| \ln\left(\frac{1}{\eta}\right) \quad (4.9)$$

$$\bar{x} = \frac{1}{n} \sum_{i=1}^{n} x_i \quad (4.10)$$

式中，δ 为权重参数；k 为迭代次数；n 为种群中个体数；i 为个体编号。

QCS 的原理如下：

$$x_i^{\text{new}} = \begin{cases} x_i^{\text{old}} + \alpha \cdot [x_i^{\text{old}} - x_g] \oplus \text{LF}(\beta) & 0 \leq p < \dfrac{1}{3} \\ \bar{x} + J \cdot [\bar{x} - x_i^{\text{old}}] & \dfrac{1}{3} \leq p < \dfrac{2}{3} \\ x_i^{\text{old}} + \varepsilon \cdot [x_g - x_i^{\text{old}}] & \dfrac{2}{3} \leq p < 1 \end{cases} \quad (4.11)$$

式中，$J=\delta\ln(1/\eta)$；$\varepsilon = \delta\exp(\eta)$；$x_g$ 为当前种群中位置最优的个体；η 和 p 是（0，1）间的随机数；$\alpha=1.1$；$\delta=1.6$。

参数 J 保证了 QCS 迭代过程中种群的多样性。当 $\eta\to 0$，$J\to +\infty$。参数 ε 能够增强 QCS 的局部搜索能力。LF 为 Levy 飞行机制，如下：

$$\text{LF}(\beta) = 0.01 \times \frac{\mu \times \sigma}{v^{\frac{1}{\beta}}}, \quad \sigma = \left[\frac{\Gamma(1+\beta)}{\Gamma\left(\dfrac{1+\beta}{2}\right) \times 2^{\left(\frac{\beta-1}{2}\right)}} \right]^{\frac{1}{\beta}} \quad (4.12)$$

式中，$\beta=1.7$；μ 和 v 为遵循正态分布特性的随机数；$\Gamma(\cdot)$ 为 Gamma 方程。

在迭代优化过程中，QCS 基于随机参数 p 控制个体位置的更新方式，根据 p 的取值来确定采用式（4.11）中的哪种方式。p 为决定算法能够在全局搜索与局部开发保持平衡的关键参数。

4.4.2 混沌机制

混沌是确定性系统中的一种伪随机行为，具有初始参数敏感性、不可再重复性以及不可预测性等特点。混沌映射的遍历性与非重复性有利于提升启发式优化算法的搜索性能，混沌机制已在启发式优化领域得到了成功的应用[101-103]。

Tent 混沌映射已被证明在计算效率与遍历性两方面同时具有良好的性能[104-105]，Tent 映射机制如下：

$$z_{k+1} = \begin{cases} \dfrac{z_k}{0.7} & 0 < z_k < 0.7 \\ \dfrac{3(1-z_k)}{10} & 0.7 \leq z_k < 1 \end{cases} \quad (4.13)$$

式中，k 为迭代次数；z_k 为（0，1）之间的随机数，基于 Tent 混沌映射得到的 $z_k \in (0,1)$。

本节在 QCS 中引入混沌机制已提升搜索性能：①采用 Tent 映射实现种群初始化；②基于 Tent 映射生成随机参数 p；③基于 Lifespan 机制的混沌局部搜索更新最佳个体的位置。

1. 基于 Tent 映射的种群初始化

种群初始化的性能与算法的收敛速度直接相关[106]。启发式优化算法通常采用均匀分布初始化种群个体的位置。采用混沌映射初始化种群位置，能够使种群个体更均匀地分布于搜索空间，避免迭代初期的早熟现象，从而提升收敛速度[107-108]。在 CQCS 中，基于 Tent 映射的种群初始化如下：

$$x_{i,j} = x_{\min,j} + z_j^i \times (x_{\max,j} - x_{\min,j}) \tag{4.14}$$

式中，i 为个体编号；j 为维度；x 为个体的位置；$x_{\max,j}$ 和 $x_{\min,j}$ 为第 j 维搜索空间的上界和下界；z 为由 Tent 混沌映射生成的随机数。

2. 基于 Tent 映射的随机参数 p 生成方法

在启发式优化算法中，一些随机参数在迭代过程中通过控制搜索方式对于收敛性能具有重要影响[109]。混沌映射的遍历性能够确保算法在全局搜索与局部开发之间保持平衡并降低种群陷入局部最优的可能性[110]。

QCS 利用随机参数 p 控制种群中每个个体在每次迭代优化过程中随机调用式（4.11）中三种更新机制的一种。然而基于均匀分布生成的参数 p 无法在优化过程中有效保持遍历性，易在值域空间内某一区域出现集中分布的现象。本节利用 Tent 映射生成参数 p 能够有效提升优化过程中随机数生成的均匀性，从而更有效地确保算法在全局搜索与局部开发之间保持平衡。

3. 基于 Lifespan 机制的混沌局部搜索

混沌局部搜索[111]是提升算法收敛性能的另一关键机制。混沌局部搜索能够搜索种群最优个体的邻近区域，从而获取更优位置信息以对最优个体实现更新。混沌局部搜索有利于指导算法向更有利于全局收敛的方向进化，其数学模型如式（4.15）所示：

$$x_g^{\text{new}} = x_g + (z - 0.5)(x_n - x_m) \tag{4.15}$$

式中，x_g 为当前最优个体位置；x_n 和 x_m 为从种群中随机选择的两个个体 ($m \neq n$)；z 为由 Tent 映射生成的随机数。

如果 x_g^{new} 的适应度值低于 x_g 的适应度值，则 x_g 的位置由 x_g^{new} 替代。否则，x_g

的位置将保持不变。混沌局部搜索[111-112]复杂度低、不包含额外的可调参数且具有适应性。在迭代的初始阶段，x_n 和 x_m 相互远离从而能够保持种群的多样性，且有利于跳出局部最优。在迭代的后期，x_n 和 x_m 的位置相互接近并逐渐收敛至 0，从而有利于提升收敛精度。

选择合适的 Lifespan 能够提升算法的进化效率[113]。若种群最优位置在迭代过程中陷入停滞，则算法很有可能陷入了局部最优。此时，若在算法中引入新的更新机制将有利于避免陷入早熟并降低算法复杂度。在 Lifespan 机制中，CQCS 中最优个体在迭代过程中陷入停滞的次数大于 NUM_{life}，则对最优个体执行 NUM_{local} 次局部搜索。NUM_{life} 和 NUM_{local} 的选取分别参考文献[111]和参考文献[113]的经验。本节基于适应度函数评估次数 NFFE（number of fitness function evaluation）验证算法的计算效率。NUM_{life} 和 NUM_{local} 分别为 2000NFFE 和 400NFFE。CQCS 的流程如图 4.5 所示。

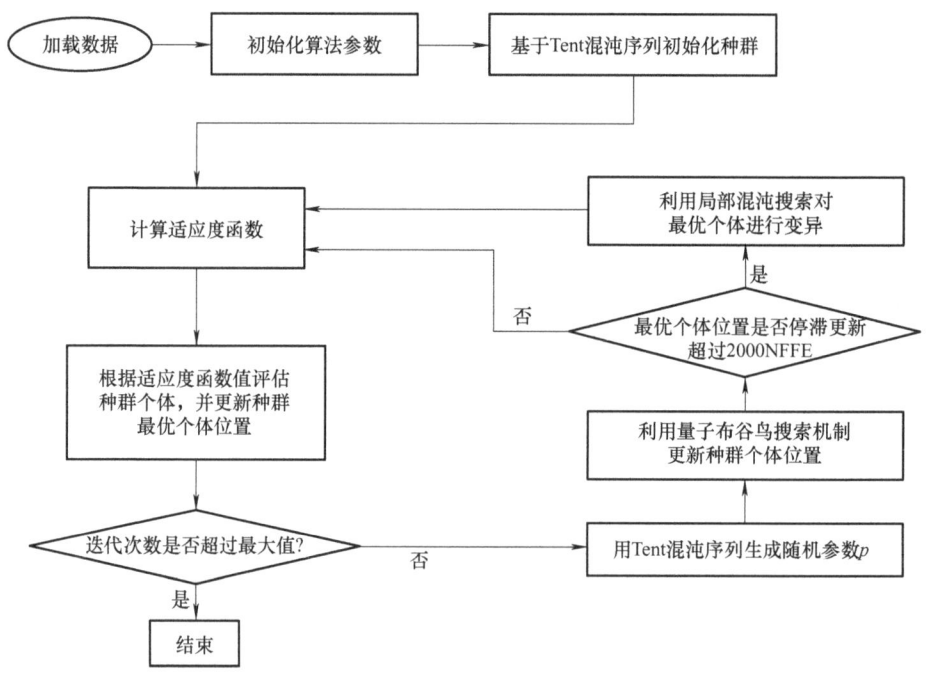

图 4.5　CQCS 的流程图

4.5　基于混沌量子布谷鸟优化算法的直流电弧模型参数辨识

本节基于实验数据，验证所提出的两种电弧模型（Hook 静态模型和分段噪声模型）以及 CQCS 的性能。①对比 Hook 静态模型、Warrington 静态模型以及 Andrea

静态模型的性能；②对比分段噪声模型、白噪声模型以及粉色噪声模型的性能；③对比 CQCS 和已有优化算法的参数辨识性能，例如 GWO[114]、CS[115]、QCS[100]、TLABC[116]、HHO[117]、EO[118]以及 CGO[119]。

本节采用的 4 组数据分为两种类型：①dataset1 和 dataset2 为电弧的静态特性曲线（见图 4.2），所对应的弧长分别为 1mm 和 2mm；②dataset3-1 和 dataset3-2 为电流信号，dataset3-1 所对应的工作条件为 1mm 弧长、10A 电流，dataset3-2 所对应的工作条件为 2mm 弧长、10A 电流。为了客观地对比不同模型以及不同优化算法间的性能，本章每种优化算法对某一模型进行参数辨识都独立运行 30 次，每次迭代运行都采用相同的最大 NFFE 为 10000，且每种算法所采用的种群个数都为 20。模型和算法通过 MATLAB 编程，其运行环境基于 Windows 10 操作系统、2.8 GHz Intel CPU 以及 8 GB RAM。

4.5.1 Hook 静态模型参数辨识结果

表 4.2 给出了在基于 dataset1 情况下不同优化算法对 Hook 静态模型的参数辨识统计结果，辨识结果平均值和标准差分别表示辨识结果的准确度与稳定性。表中同时根据辨识结果对不同算法的性能进行了排序。由表 4.2 可知，CQCS 在其中算法中具有最小的 RMSE 平均值与 RMSE 标准差。CGO 的 RMSE 最小值（0.29428）小于 CQCS 的 RMSE 最小值（0.29469）。EO 的 RMSE 最大值（0.3777）小于 CQCS 的 RMSE 最大值（0.38904）。就辨识结果 RMSE 最大值和 RMSE 最小值而言，EO 和 CGO 都优于 CQCS。但综合考虑收敛的准确度与稳定性，CQCS 的辨识结果在 dataset1 情况下优于其他 7 种算法。

表 4.2 不同优化算法对 Hook 静态模型的参数辨识统计结果（基于 dataset1）

	GWO	CS	QCS	HHO	TLABC	EO	CGO	CQCS
A	40.6844	33.2966	34.6761	46.5683	32.1801	34.2531	110.7527	87.0113
n_1	−0.5073	−0.7969	−0.5437	−0.3718	−0.6080	−0.5378	−0.1528	−0.1970
B	2.0691	0.5935	0.2730	2.2543	0.3670	0.5138	6.6654	5.7193
n_2	0.6196	0.8280	1.0828	0.6332	0.9905	0.9286	0.5002	0.5134
C	1.9744	13.9825	10.6932	−6.2229	11.7056	8.9303	−75.8142	−50.7557
最小值	0.3209	0.3596	0.3105	0.3081	0.3147	0.3085	**0.29428**	0.29469
平均值	0.5966	0.6394	0.3598	0.5328	0.3414	0.3334	0.32411	**0.30732**
最大值	2.2325	1.9065	0.3867	0.9408	0.3863	**0.3777**	0.87500	0.38904
标准差	0.4584	0.42687	0.0259	0.1869	0.0188	0.0195	0.12966	**0.01852**
时间/s	**0.1845**	0.23089	0.2534	0.4036	0.2236	0.2543	0.3065	0.2372
排名	7	8	5	6	4	3	2	1

表4.3给出了在基于dataset2情况下不同优化算法对Hook静态模型的参数辨识统计结果。CQCS的RMSE平均值（0.4046）以及RMSE最大值（0.5818）优于其他算法。QCS和CGO辨识结果的RMSE标准差与最大值大于CQCS，但QCS是在较大RMSE平均值的情况下取得的较小的RMSE标准差。CQCS的RMSE最小值仅比CGO大0.0083，但CQCS的RMSE平均值仅比CGO大0.0503。综合考虑表4.3中的结果，CQCS在dataset2情况下相比于其他7种算法具有更好的性能。

表4.2和表4.3同时给出了不同算法的计算时间。GWO和TLABC相比于CQCS计算效率更高。CQCS的计算时间小于CS、QCS、HHO、EO以及CGO。CQCS的计算时间尽管在8种算法中不是最短的，但其排名第3计算效率依然具有优势。

图4.6给出了不同算法的收敛曲线。随着迭代的进行，CQCS能够迅速收敛至最小值，其最终收敛准确度小于TLABC和GWO。混沌机制能够确保CQCS在全局探索与局部开发之间保持平衡，从而有利于跳出局部最优并取得更快的收敛速度。

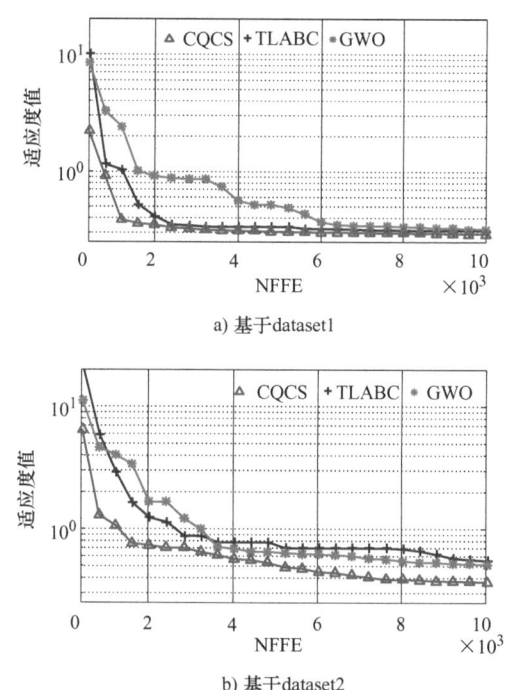

图4.6 不同算法辨识Hook静态模型参数过程中的收敛曲线

基于以上分析可知，在辨识Hook静态模型参数的过程中，CQCS的性能优于其他7种算法。

表 4.3 不同优化算法对 Hook 静态模型的参数辨识统计结果（基于 dataset2）

	GWO	CS	QCS	HHO	TLABC	EO	CGO	CQCS
A	46.6035	71.6265	75.0435	43.7889	39.7965	42.5772	146.2722	91.610439
n_1	−0.2777	−0.1949	−0.1640	−0.2402	−0.4465	−0.4148	−0.0560	−0.1089
B	0.0040	0.4277	0.1050	0.0015	0.0174	0.0390	0.0009	0.0095
n_2	2.18920	0.9697	1.3439	2.4073	1.6798	1.4934	2.6970	2.017
C	3.7005	−20.7917	−24.8944	3.5465	13.8583	11.2763	−99.5067	−43.3736
最小值	0.4184	0.4960	0.4499	0.4854	0.4759	0.5021	**0.3662**	0.3745
平均值	0.5971	0.6182	0.5596	0.5764	0.5774	0.6688	0.4549	**0.4046**
最大值	1.0877	1.3196	0.6173	0.9883	0.6344	0.7524	0.7175	**0.5818**
标准差	0.1509	0.1673	**0.0418**	0.1236	0.0447	0.0448	0.1555	0.0426
时间/s	**0.2231**	0.3281	0.3062	0.5969	0.2587	0.3133	0.4065	0.2939
排名	6	7	3	4	5	8	2	1

4.5.2 不同静态模型的性能对比

本节基于利用 CQCS 辨识 Hook 静态模型、Warrington 静态模型以及 Andrea 静态模型的参数。Warrington 静态模型包含三个参数，其形式如式（4.1）所示。Andrea 静态模型的表达式如下：

$$V_{\text{arc}} = \frac{\alpha}{\arctan(\beta I_{\text{arc}})} \tag{4.16}$$

表 4.4 给出了不同静态模型对实验数据的拟合结果。Hook 静态模型对 dataset1 和 dataset2 的拟合结果的 RMSE 分别为 0.2946 和 0.3745，小于 Warrington 静态模型以及 Andrea 静态模型对应的拟合误差。表明 Hook 静态模型相比于 Warrington 静态模型以及 Andrea 静态模型能够更精确地拟合实际电弧静态曲线。

表 4.4 不同静态模型拟合性能对比

		Hook 静态模型	Warrington 静态模型	Andrea 静态模型
RMSE	dataset1	**0.2946**	0.8144	0.9987
	dataset2	**0.3745**	0.8651	0.8803
参数	dataset1	A=87.0113 n_1=−0.1970 B=5.7193 n_2=0.5134 C=−50.7557	A=49.880 n=−2.0757 B=23.6843	α=35.5850 β=0.9588
	dataset2	A=91.6104 n_1=−0.1089 B=0.0095 n_2=2.017 C=−43.3736	A=50.4723 n=−1.2109 B=26.0137	α=40.5058 β=0.5489

图 4.7 更直观地给出了实验获得的电弧静态曲线与不同模型输出的电弧静态曲线。由图可知 Hook 静态模型能够更准确地跟踪实际静态曲线在转折点附近的非线性变化。然而 Warrington 静态模型以及 Andrea 静态模型的输出电压随电流的增长而下降,无法表现电弧静态曲线中大电流区域和小电流区域变化规律不一致的现象。

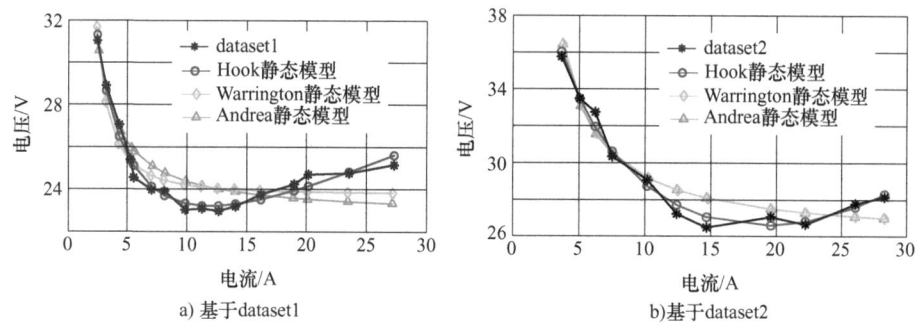

图 4.7 不同静态模型对实验数据的拟合效果图

由以上分析可知,Hook 静态模型相比于 Warrington 静态模型以及 Andrea 静态模型能更有效地拟合电弧静态曲线的非线性特性。

4.5.3 分段噪声模型参数辨识结果

表 4.5 和表 4.6 给出了不同优化算法对分段噪声模型的参数辨识结果。在 dataset3 和 dataset4 情况下 CQCS 的辨识性能排名分别为 2 和 1。在 dataset3 情况下,CGO 的辨识性能优于 CQCS 并在 8 种算法中排名第 1。然而 CQCS 辨识结果的 RMSE 平均值(0.3590)仅比 CQCS 的 RMSE 平均值(0.3590)高 1.95×10^{-5}。

表 4.5 不同优化算法对分段噪声模型的参数辨识统计结果(基于 dataset3)

	GWO	CS	QCS	HHO	TLABC	EO	CGO	CQCS
L	61.5890	61.0333	60.3709	48.8120	106.6318	71.4179	60.9723	60.6351
k	0.7339	0.7229	0.7303	0.7193	0.8023	0.7521	0.7327	0.7321
f_0/kHz	23.8685	23.4919	24.1185	18.8691	18.3877	21.9833	23.8777	23.9341
最小值	0.3027	0.3056	0.3091	0.3185	0.3109	0.3053	0.3027	**0.3027**
平均值	0.3809	0.4012	0.3614	0.4116	0.3599	0.3595	**0.3590**	0.3590
最大值	0.5114	0.5081	0.4372	0.5143	0.43437	0.4343	**0.4343**	0.4343
标准差	0.0562	0.0437	0.0382	0.0528	**0.0370**	0.0385	0.0380	0.0378
时间/s	11.2272	13.6810	13.0037	32.9350	**10.0500**	13.5959	13.3305	12.8219
排名	6	7	5	8	4	3	1	2

表 4.6　不同优化算法对分段噪声模型的参数辨识统计结果（基于 dataset4）

	GWO	CS	QCS	HHO	TLABC	EO	CGO	CQCS
L	858.5730	1256.6370	1257.9938	612.5836	1257.4684	1255.7436	1256.3063	1255.2877
k	1.0647	1.072835	1.0882	1.0463	1.0889	1.0887	1.0888	1.0888
f_0/kHz	20.8820	20.3074	19.9213	23.1034	19.9122	19.9208	19.9191	19.9191
最小值	0.5318	0.5317	0.5317	0.5381	0.5315	0.5316	0.5315	**0.5315**
平均值	0.6201	0.6215	0.6192	0.6222	0.6192	0.6193	0.6192	**0.6192**
最大值	0.7945	0.7946	0.7944	0.7944	**0.7944**	0.7944	0.7944	0.7944
标准差	0.0670	0.0680	0.0671	0.0765	0.0670	0.0671	0.0670	**0.0664**
时间/s	10.3665	13.9270	12.6187	31.1578	9.6391	12.8309	13.0023	12.1432
排名	6	7	4	8	2	5	2	1

由表 4.5 和表 4.6 可知，虽然 GWO 和 TLABC 相比于 CQCS 所消耗的计算时间更短，但 CQCS 的计算速度相比于 CS、QCS、HHO、EO 和 CGO 更快。CQCS 在计算效率方面虽然不是最优的，但 CQCS 的计算效率是有竞争力并可接受的。图 4.8 给出了不同算法在辨识分段噪声模型过程中的收敛曲线，相比于 TLABC 和 GWO，CQCS 的收敛精度更高且收敛速度更快。

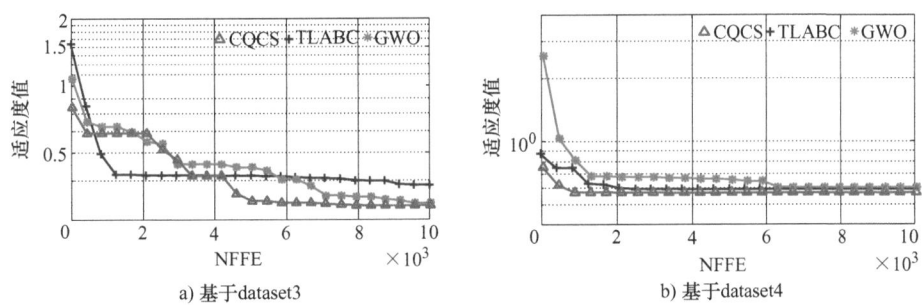

图 4.8　不同算法辨识分段噪声模型参数过程中的收敛曲线

表 4.7 给出了不同优化算法的 Wilcoxon 等级和。CQCS 的 Wilcoxon 等级和为 5，小于其他算法的 Wilcoxon 等级和。基于 Wilcoxon 检验方法对比 CQCS 与 3 种代表性算法（CGO、CS 和 QCS：①CGO 总体排名为第 2，CQCS 优于 CGO；②CQCS 是 CS 和 QCS 的改进形式），可得到相应的 P-value，见表 4.8。H_0 假设代表两种算法不具有显著差异，"+" 和 "−" 表示拒绝 H_0 假设且两种算法具有显著差异。其中，"+" 表明后一种算法以 0.05 的显著水平劣于前一种算法。"−" 表明后一种算法优于前一种算法。"=" 表明接收 H_0 假设。在表 4.8 中，"+" 的数量为 9，"=" 的数量为 3，"−" 的数量为 0。P-value 的结果表明 CQCS 的性能优势在统计上是显著的。

表 4.7 不同优化算法的 Wilcoxon 等级和

	GWO	CS	QCS	HHO	TLABC	EO	CGO	CQCS
Wilcoxon 等级和	25	30	17	26	15	19	7	**5**
最终等级	6	8	4	7	3	5	2	**1**

表 4.8 CQCS 和 CGO 之间的 P-value 值

	P-value				+/=/-
	dataset1	dataset2	dataset3	dataset4	
CQCS 对比 CGO	3.3679E-04(+)	4.1052E-02(+)	0.2397(=)	0.3716(=)	**2/2/0**
CQCS 对比 CS	1.2466E-04(+)	1.3289E-06(+)	3.998E-02(+)	0.1068(=)	**3/1/0**
CQCS 对比 QCS	3.0199E-11(+)	8.8910E-10(+)	7.941E-03(+)	9.682E-03(+)	**4/0/0**
(+)的个数=9，(=)的个数=3，(-)的个数=0					

通过 4.5.1 小节与本节的全面分析，在辨识 Hook 静态模型与分段噪声模型参数方面，CQCS 的性能相比于 7 种对比算法更具有优势。基于混沌映射的种群初始化与随机参数生成方法不仅能够在迭代初始阶段加快收敛速度，而且能够使算法的整个收敛过程在全局搜索与局部开发之间保持平衡。同时，基于 Lifespan 的混沌局部搜索能够增强种群的多样性，并有利于算法在迭代过程中避免陷入局部最优。

4.5.4 不同噪声模型的性能对比

本节利用 CQCS 分别辨识分段噪声模型、粉红噪声模型以及白噪声模型的参数，辨识结果见表 4.9。分段噪声模型对 dataset3 和 dataset4 拟合结果的 RMSE 分别为 0.302705 和 0.531591，明显小于粉红噪声模型以及白噪声模型所对应的结果。图 4.9 直观地展示了实验数据以及模型输出数据的频谱能量分布。分段噪声模型的参数能够灵活地控制频谱低频段能量变化趋势、转折频率值以及频谱整体能量等级，分段噪声模型的输出数据能够在频域准确地拟合实验数据。

表 4.9 不同噪声模型拟合性能对比

		分段噪声模型	粉红噪声模型	白噪声模型
RMSE	dataset3	**0.302705**	1.116908	1.9710
	dataset4	**0.531591**	1.062261	5.7314
参数	dataset3	L=60.635180 k=0.732110 f_0=23.934115	L=442.427803	L=0.0448
	dataset4	L=1255.287710 k=1.088801 f_0=19.919117	L=1301.788020	L=0.0601

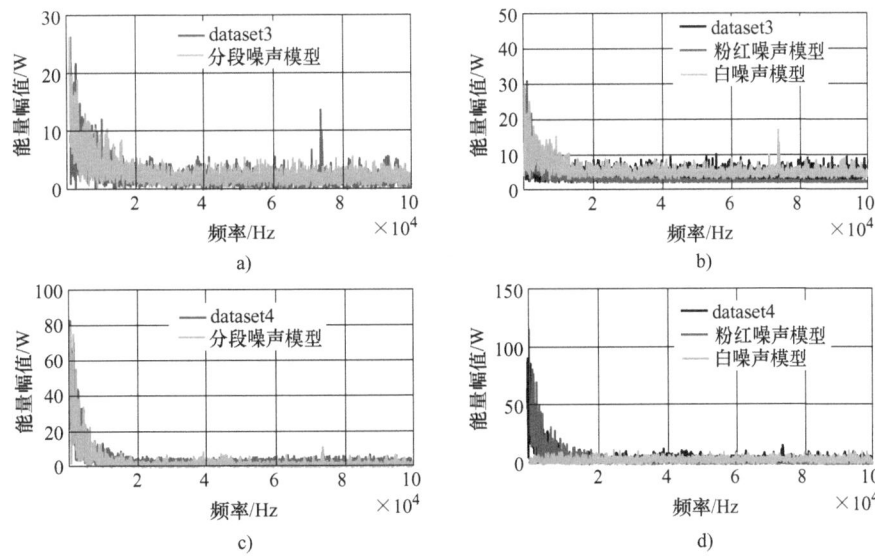

图 4.9 不同噪声模型对实验数据的拟合效果图

白噪声模型输出数据的频谱能量在频域呈均匀分布，粉红噪声输出数据的频谱能量与频率值呈倒数关系。图 4.9a 与 b 显示的结果表明粉红噪声模型以及白噪声模型频谱能量分布特性与理论分析一致，且都无法有效拟合实际的电弧噪声数据的频谱能量分布。白噪声模型对 dataset3 与 dataset4 拟合结果的 RMSE 分别为 1.9710 与 5.7314，粉红噪声模型对 dataset3 与 dataset4 拟合结果的 RMSE 分别为 1.116908 与 1.062261，明显高于本章所提出的分段噪声模型的 RMSE。

由表 4.9 可知，粉红噪声模型对 dataset4 的拟合结果要优于对 dataset3 的拟合结果。dataset4 所对应的频谱能量分布参数 k=1.088801，粉色噪声在低频阶段频谱能量分布参数 k=1。因此，粉色噪声在低频阶段频谱能量变化趋势与 dataset3 在低频阶段频谱能量变化趋势相接近。而 dataset3 所对应的频谱能量分布参数 k=0.732110。dataset3 对应的参数 k 与粉色噪声所对应的参数 k 相差 0.2679。因此，粉红噪声模型对 dataset4 的拟合准确度要高于对 dataset3 的拟合准确度。

在分段噪声模型中，通过调节参数 L、k 和 f_0 能够实现对频谱能量等级、低频段能量下降速率与频率转折点的控制。因此，本章 4.5.4 节所设计的分段噪声模型灵活性强，且相比于粉红噪声模型以及白噪声模型能够更精确地刻画电弧噪声频谱能量分布的非线性特性。

4.5.5 模型输出数据与实验数据的故障特征对比分析

本章所设计的 Hook 静态模型与分段噪声模型共同构成了完整的直流电弧模

型，前面章节通过分析所设计模型对直流电弧静态伏安特性与频谱噪声分布特性的拟合性能，证明了所提直流电弧模型的有效性。为了进一步并更全面地评估所提直流电弧模型的性能，本节将从实验数据与模型输出数据中同时提取时域特征、频域特征与随机性特征并进行对比分析。

静态模型是基于电压与电流平均值构建，因此，电流平均值这一特征通过4.5.2小节的结果可实现验证，即基于本章所构建的Hook静态模型提取的电流信号平均值相比于传统静态模型更准确。由4.2.2节的分析可知，实际电弧故障检测主要基于电弧电流的噪声特性，因此本节主要从电弧电流的噪声中提取相应特征对比分段噪声模型所提取的特征，同时也从特征的角度对三种噪声模型的性能进行对比。

不同数据集的情况下，表4.10给出了基于实验数据与模型所提取的特征（特征具体定义在第3章3.3节已给出），每种模型输出特征值后有一编号。例如在dataset3情况下，基于本章所提模型、粉色噪声模型以及白噪声模型提取得到的峰-峰值分别为0.3835、0.2560和0.2867，本章所提模型对应的峰-峰值与实验数据对应峰-峰值之间的误差最小，本章所提模型这种情况下性能排名第1，粉色噪声模型与白噪声模型分别排名第3和第2。由表4.10给出的结果可知，本章所提分段噪声模型总体排名和为35，粉色噪声模型与白噪声模型总体排名和分别为73和85。分段噪声模型排名和远小于粉色噪声模型与白噪声模型所对应的值，表明基于本章所提模型相比于传统模型能更精确地从不同角度表现电弧的特性，进一步证明了本章所提出模型的先进性。

表4.10 不同模型与实验数据的故障特征对比

特征类型		dataset3			
		本章所提模型	粉红噪声模型	白噪声模型	实验数据
时域特征	峰-峰值	0.3835（1）	0.2560（3）	0.2867（2）	0.5192
	标准差	0.0544（1）	0.0411（3）	0.0430（2）	0.0526
	峭度	4.3232（1）	3.0625（2）	2.9341（3）	5.9089
	偏度	0.0981（1）	0.0241（2）	0.0165（3）	0.1951
	峰值因子	4.643（1）	3.4703（2）	3.1991（3）	6.8097
	脉冲因子	6.1240（1）	4.0234（2）	3.992（3）	8.9465
	裕度因子	5.8049（1）	4.7901（2）	4.6983（3）	10.6884
频域特征	频谱能量和	5130（1）	2256（3）	4986（2）	5060
	频谱能量标准差	2.4248（1）	2.3946（2）	1.2908（3）	2.2939
	$\dfrac{E_{a1}}{E}$	0.4220（1）	0.6649（2）	0.1811（3）	0.4162
	$\dfrac{E_{d3}}{E}$	0.1628（1）	0.1486（2）	0.1888（3）	0.1560

第4章 直流电弧故障模型及其参数辨识方法

（续）

特征类型		dataset3			
		本章所提模型	粉红噪声模型	白噪声模型	实验数据
频域特征	$\dfrac{E_{d2}}{E}$	0.1785（1）	0.1080（3）	0.2579（2）	0.1808
	$\dfrac{E_{d1}}{E}$	0.2333（1）	0.0783（3）	0.3721（2）	0.2469
随机性特征	能量熵	7.7410（1）	7.2948（2）	7.9183（3）	7.5761
	PE	0.9615（2）	0.9228（1）	0.9973（3）	0.9437
	Hurst 指数	0.5068（1）	0.5964（2）	0.2547（3）	0.4920

特征类型		dataset4			
		本章所提模型	粉红噪声模型	白噪声模型	实验数据
时域特征	峰–峰值	0.8596（1）	0.6904（2）	0.4370（3）	0.9996
	标准差	0.1071（1）	0.1052（2）	0.0580（3）	0.1107
	峭度	3.0483（1）	2.8722（3）	2.9672（2）	4.0627
	偏度	0.1255（1）	-0.0749（3）	0.0381（2）	0.3034
	峰值因子	3.9273（1）	3.2209（3）	3.8937（2）	4.9097
	脉冲因子	5.2015（1）	4.0428（3）	4.8491（2）	6.4294
	裕度因子	5.7532（1）	4.797（3）	5.6912（2）	7.7509
频域特征	频谱能量和	6715（1）	5487（3）	6698（2）	7007
	频谱能量标准差	6.0243（2）	6.1808（1）	1.7649（3）	6.2090
	$\dfrac{E_{a1}}{E}$	0.6203（1）	0.6829（2）	0.1861（3）	0.6222
	$\dfrac{E_{d3}}{E}$	0.1176（1）	0.1429（2）	0.1886（3）	0.1099
	$\dfrac{E_{d2}}{E}$	0.1104（1）	0.1023（2）	0.2660（3）	0.1257
	$\dfrac{E_{d1}}{E}$	0.1514（1）	0.0717（2）	0.3591（3）	0.1419
随机性特征	能量熵	7.3854（2）	7.3426（1）	7.9134（3）	7.108
	PE	0.9409（1）	0.9066（2）	0.9963（3）	0.9318
	Hurst 指数	0.6277（1）	0.5714（2）	0.2873（3）	0.6538

总体排名和：本章所提模型=35，粉色噪声模型=73，白噪声模型=85

4.6 本章小结

为了对电力电子化直流配电系统中的电弧故障实现准确的建模，本章提出了两种新型电弧模型（Hook 静态模型与分段噪声模型）以及一种先进的启发式优化算法（CQCS），并通过实验数据验证了模型与优化算法的有效性：

1）Hook 静态模型能够有效拟合电弧静态曲线转折点处的非线性特性，实验结果表明 Hook 静态模型相比于 Warrington 静态模型与 Andrea 静态模型对电弧静态曲线的拟合精确度更高。

2）分段噪声模型能够有效表现频谱低频段和高频段能量分布的差异。实验结果表明通过控制分段噪声模型内部参数能够实现对电弧噪声频谱的准确刻画，而粉红噪声模型以及白噪声模型对电弧噪声频谱拟合准确度低。

3）本章提出的 CQCS 不仅能够利用混沌映射生成初始种群和随机参数 p，同时采用混沌局部搜索进一步更新最优解的位置。基于实验数据，将所提出的 CQCS 算法应用于 Hook 静态模型和分段噪声模型的参数辨识。通过将 CQCS 与现有的 7 种算法的比较，证明了混沌机制不仅能够使 CQCS 避免早熟而且同时提高收敛速度和优化精度。

4）本章最后对比了实验数据提取的特征与不同模型提取的特征，从时域信息、频域信息以及随机性信息等多个角度对比了模型与实验数据的差异，进一步证明了本章所提模型相比于已有模型对电弧故障特性的刻画更为准确、全面。

第5章 适应多种工作环境的直流串联电弧故障检测方法

5.1 引言

串联电弧故障相比于并联电弧故障和接地电弧故障隐蔽性更强。因此，如何在电力电子化直流配电系统不同的工作条件下快速、准确地实现串联电弧故障检测是亟需解决的问题。当前已有许多研究者开展了串联电弧故障检测方法的研究。第 4 章提出的电弧模型虽然一定程度上提升了对电弧特性的拟合能力，但电弧随机性强，不同工作条件下电弧模型参数的差异还有待进一步探索，因此，基于模型的检测方法存在一定的局限性。

本章提出了一种基于时频马尔可夫排列转移场（time-frequency markov permutation transition field，TFMPTF）的电弧故障检测方法，流程图如图 5.1 所示。首先，采用变分模态分解（variational mode decomposition，VMD）将电流信号分解为包含不同频率成分的模态，以防止不同频段信息之间的干扰。然后，利用 TFMPTF 将各模态转换为二维矩阵。创新性地提出了 TFMPTF 中时频排列模式状态转移分析的概念，从而能够有效地描绘电流信号的显著结构信息。随后，采用奇异值分解（singular value decomposition，SVD）从矩阵中提取故障特征。最后，利用核极限学习机（kernel extreme learning machine，KELM）对故障特征

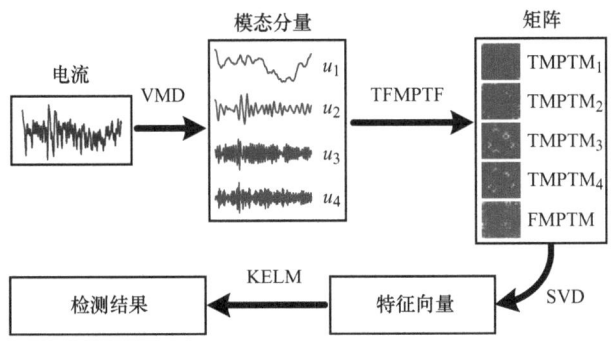

图 5.1 本章所提检测算法流程图

进行处理以获得检测结果。本章搭建了包含多种负载类型的光伏发电系统,并在该系统中开展实验研究。离线实验结果表明,所提方法的平均检测准确率为98.97%,通过与不同方法的比较验证了所提方法的先进性和适应性。所提出的检测方法和对比方法均在微处理器(microprogrammed control unit,MCU)中实现,以进行在线实验,进一步证实了所提方法的实时性以及暂态情况下的稳定性。

5.2 变分模态分解

VMD 是一种非递归且自适应的信号分解方法。通过迭代搜索变分问题的最优中心频率和有效带宽,可以利用 VMD 实现信号分解。与小波变换(wavelet transform,WT)、经验模态分解(empirical mode decomposition,EMD)和经验小波变换(empirical wavelet transform,EWT)相比,VMD 在削弱模态混叠、抵抗噪声干扰以及提高分解准确度方面具有更多优势。电弧故障会在电流信号中引入大量高频噪声。本章利用 VMD 将电流分解为不同模式,从而削弱不同频段故障信息之间的相互干扰,更易于提取故障特征。

VMD 的关键原理是求解约束变分问题,其表达式为

$$\min_{\{u_k\},\{\omega_k\}} \sum_{k=1}^{K} \left\| \partial_t \left[\left(\delta(t) + \frac{j}{\pi t} \right) * u_k(t) \right] e^{-j\omega_k t} \right\|_2^2$$

$$\text{s.t.} \sum_k u_k(t) = S(t) \tag{5.1}$$

式中,K 表示模式数量,$S(t)$ 是待分解的弧光电流。$\delta(t)$ 和*分别表示狄拉克 δ 函数和卷积运算。$\{u_k\}$ 和 $\{\omega_k\}$ 分别表示模式集和对应的中心频率。$\partial_t\{\bullet\}$ 表示对时间 t 的偏导数运算。通过引入惩罚系数 β 和拉格朗日乘子 $\lambda(t)$,方程式(5.1)中的约束优化问题可以转化为无约束优化问题:

$$\mathcal{L}(\{u_k\},\{\omega_k\}) = \beta \sum_{k=1}^{K} \left\| \partial_t \left[\left(\delta(t) + \frac{j}{\pi t} \right) * u_k(t) \right] e^{-j\omega_k t} \right\|_2^2 +$$

$$\left\| x_t - \sum_{k=1}^{K} u_k(t) \right\|_2^2 + \left\langle \lambda(t), x_t - \sum_{k=1}^{K} u_k(t) \right\rangle \tag{5.2}$$

基于迭代优化,$\{u_k\}$、$\{\omega_k\}$ 和 λ 的值可以不断更新:

$$\begin{cases} \hat{u}_k^{n+1}(\omega) = \dfrac{\hat{S}(\omega) - \sum\limits_{i \neq k} \hat{u}_i(\omega) + \dfrac{\hat{\lambda}(\omega)}{2}}{1 + 2\xi(\omega - \omega_k)^2} \\ \hat{\lambda}^{n+1}(\omega) = \hat{\lambda}^{(n)}(\omega) + \xi\left(\hat{f}(\omega) - \sum\limits_{k=1}^{K} \hat{u}_k^{n+1}(\omega)\right) \\ \omega_k^{n+1} = \dfrac{\int_0^\infty \omega \left|\hat{u}_k^{(n+1)}(\omega)\right|^2 d\omega}{\int_0^\infty \left|\hat{u}_k^{(n+1)}(\omega)\right|^2 d\omega} \end{cases} \quad (5.3)$$

式中，$\hat{u}_k^{n+1}(\omega)$、$\hat{S}(\omega)$ 和 $\hat{\lambda}^{n+1}(\omega)$ 是 $u_k^{n+1}(t)$、$S(t)$ 和 $\lambda_k^{n+1}(t)$ 经傅里叶变换后的形式。上述迭代过程的停止条件为 $\sum\limits_{k=1}^{K} \dfrac{\left\|\hat{u}_k^{n+1}(\omega) - \hat{u}_k^n(\omega)\right\|_2^2}{\left\|\hat{u}_k^n(\omega)\right\|_2^2} < \varepsilon$，$\varepsilon$ 代表收敛准确度。

K 是 VMD 中的关键参数。如果 K 值过小，VMD 就无法有效地从电流信号中分离出电弧特征。如果 K 值过大，计算时间会大幅增加。此外，过大的 K 值会导致信号过度分解，从而在不同模式中出现重复的故障信息。

5.3 时频马尔可夫排列转移场

将基于 VMD 获得的一维模式转换为二维矩阵，能够有效地挖掘电弧电流中的结构信息，这有利于提高电弧故障检测的性能。本节介绍了传统马尔可夫转移场(markov transition field, MTF)的基本原理，并提出了 TFMPTF 以克服 MTF 的不足之处。

5.3.1 传统马尔可夫转移场

MTF 能够分析相邻数据点之间的状态转换特性[120-121]，这是一种有效的矩阵变换方法。基于 VMD 对弧电流进行分解后，可得到模式 u_k。$u_k = \{u_{k,1}, u_{k,2}, \cdots, u_{k,I}\}$，$k \in \{1,2,3,4\}$，$I$ 表示 u_k 的数据点数量。将 u_k 数据点的值域平均划分为 q 个区域，利用式（5.4）可计算出 $q \times q$ 维的 MTF。

$$\text{MTF} = \begin{bmatrix} P(u_{k,i} \in Q_1 \mid u_{k,i-1} \in Q_1) & \cdots & P(u_{k,i} \in Q_1 \mid u_{k,i-1} \in Q_q) \\ \vdots & \ddots & \vdots \\ P(u_{k,i} \in Q_q \mid u_{k,i-1} \in Q_1) & \cdots & P(u_{k,i} \in Q_q \mid u_{k,i-1} \in Q_q) \end{bmatrix} \quad (5.4)$$

例如，$P(u_{k,i} \in Q_1 \mid u_{k,i-1} \in Q_2) = Num_{1,2} / Num_1$。$Num_{1,2}$ 表示 $u_{k,i}$ 属于第 1 区域 Q_1 且 $u_{k,i-1}$ 属于第 2 区域 Q_2 的情况数量。Num_1 表示 $u_{k,i}$ 属于第 1 区域 Q_1 的情况个数。

5.3.2 时频马尔可夫排列转移场基本原理

MTF能够捕捉相邻数据点之间的时间依赖关系,但仍存在两个缺陷:①MTF仅考虑相邻数据点的状态转移概率,未能充分考量连续时间段内多个数据点间的相关性;②MTF忽略了频域内的数据状态转移信息。

本章提出的TFMPTF方法旨在解决MTF的不足,从而更有效地从电弧电流中提取故障特征。首先,TFMPTF能够从时域角度计算高维空间中排列模式状态的转移特性,由此可生成各模式(u_k)对应的时间马尔可夫排列转移矩阵(time markov permutation transition matrixe,TMPTM)。其次,TFMPTF能够分析频域能量排列模式状态的转移概率,从而获得电弧电流$S(t)$的频域马尔可夫排列转移矩阵(frequency markov permutation transition matrix,FMPTM)。

基于TFMPTF的电弧电流TMPTM和FMPTM获取方法如下所述:

1. TMPTM基本原理

将电弧电流$S(t)$的模式分量u_k转换为高维矩阵$\boldsymbol{UT}_k$。矩阵$\boldsymbol{UT}_k$的第i行定义为$\boldsymbol{UT}_{k,i}=\{u_{k,i},u_{k,i+1},\cdots,u_{k,i+(m-1)}\}$,其中$1\leqslant i\leqslant n-(m-1)$,$m$为嵌入维度。

将$\boldsymbol{UT}_{k,i}$中的数据点按升序排列,得到对应的排序向量$\boldsymbol{UT}_{k,i}^{*}=\{u_{k,i+(v_1-1)}\leqslant u_{k,i+(v_2-1)}\leqslant\cdots\leqslant u_{k,i+(v_m-1)}\}$。其中$v_1,v_2,\cdots,v_m$表示数据点在$\boldsymbol{UT}_{k,i}$中的原始位置索引。例如,$v_1=2$表示$\boldsymbol{UT}_{k,i}$中的第二个数据点(即$u_{k,i+1}$)值最小。

需注意,一个包含m个数据点的向量$\boldsymbol{UT}_{k,i}$共有$m!$种排列模式状态。每个$\boldsymbol{UT}_{k,i}^{*}$对应唯一的排列模式状态$\pi t_g$ ($g=\{1,2,\cdots,m!\}$)。基于MTF的思想,可生成模式u_k对应的TMPTM_k ($k\in\{1,2,\cdots,K\}$):

$$\mathrm{TMPTM}_k=\begin{bmatrix}P(UT_{k,i}^{*}\in\pi t_1|UT_{k,i-1}^{*}\in\pi t_1)&\cdots&P(UT_{k,i}^{*}\in\pi t_1|UT_{k,i-1}^{*}\in\pi t_{m!})\\\vdots&\ddots&\vdots\\P(UT_{k,i}^{*}\in\pi t_{m!}|UT_{k,i-1}^{*}\in\pi t_1)&\cdots&P(UT_{k,i}^{*}\in\pi t_{m!}|UT_{k,i-1}^{*}\in\pi t_{m!})\end{bmatrix} \quad (5.5)$$

以元素$P(UT_{k,i}^{*}\in\pi t_1|UT_{k,i-1}^{*}\in\pi t_2)=\dfrac{Num_{1,2}}{Num}$为例,$Num_{1,2}$表示$UT_{k,i}$处于排列模式状态$\pi t_1$且其前一行向量$UT_{k,i-1}$处于排列模式状态$\pi t_2$的共现次数,$Num$为矩阵$UT_k$的总行向量数。

2. FMPTM基本原理

电弧电流$S(t)$对应的时频矩阵$\boldsymbol{UF}$定义如式(5.6)所示:

$$UF = \begin{bmatrix} u_1 \\ u_2 \\ \vdots \\ u_K \end{bmatrix} = \begin{bmatrix} u_{1,1} u_{1,2} \cdots u_{1,n} \\ u_{2,1} u_{2,2} \cdots u_{2,n} \\ \vdots \ddots \\ u_{K,1} u_{K,2} \cdots u_{K,n} \end{bmatrix} = [uf_1 \, uf_2 \cdots uf_n] \quad (5.6)$$

其中，u_1，u_2，$\cdots$，u_K 为基于 VMD 获取的电弧电流 $S(t)$ 的 K 个模式分量。$\boldsymbol{uf}_i = [u_{1,i}; u_{2,i}; u_{3,i}; \cdots; u_{K,i}]$ 为包含不同频带分量的列向量。

对 $\boldsymbol{uf}_i$ 中的数据点进行升序排列，得到对应的排序向量 $\boldsymbol{uf}_i^* = \{u_{h_1,i} \leqslant u_{h_2,i} \leqslant \cdots \leqslant u_{h_K,i}\}$。其中，$h_1, h_2, \cdots, h_K$ 表示数据点在 $\boldsymbol{uf}_i$ 中的原始位置索引。例如，$h_1=2$ 表示 $\boldsymbol{uf}_i$ 中的第二个数据点（即 $u_{2,i}$）值最小。每个 $\boldsymbol{uf}_i$ 对应唯一的频域排列模式状态 $\pi f_g (g=\{1,2,\cdots,K!\})$。基于 MTF 思想，可构建电流信号 $S(t)$ 的频域马尔可夫排列转移矩阵 FMPTM：

$$\text{FMPTM} = \begin{bmatrix} P(uf_i^* \in \pi f_1 | uf_{i-1}^* \in \pi f_1) \cdots P(uf_i^* \in \pi f_1 | uf_{i-1}^* \in \pi f_{K!}) \\ \vdots \ddots \vdots \\ P(uf_i^* \in \pi f_{K!} | uf_{i-1}^* \in \pi f_1) \cdots P(uf_i^* \in \pi f_{K!} | uf_{i-1}^* \in \pi f_{K!}) \end{bmatrix} \quad (5.7)$$

以元素 $P(uf_i^* \in \pi f_1 | uf_{i-1}^* \in \pi f_2) = \dfrac{Num_{1,2}}{Num}$ 为例，$Num_{1,2}$ 表示 $\boldsymbol{uf}_i^*$ 处于排列模式 πf_1 且其前一列向量 $\boldsymbol{uf}_{i-1}^*$ 处于排列模式 πf_2 的共现次数，Num 为矩阵 $\boldsymbol{UF}$ 的总列向量数。

3. TFMPTF 参数选择与计算结果

根据式（5.5）和式（5.7），基于 TFMPTF 生成的 TMPTM 和 FMPTM 分别为尺寸 $m! \times m!$ 和 $K! \times K!$ 的矩阵。其中，TMPTM 的尺寸由参数 m 决定，FMPTM 的尺寸及 TMPTM 的数量由参数 K 共同决定。根据第 5.3.2 节末段的分析，为获得 VMD 最优分解性能，本章设定 $K=4$。因此，FMPTM 的尺寸为 24×24，同时 TMPTM 的数量为 4 个。

若参数 m 取值过小，则无法充分挖掘信号中的排列模式信息；若 m 取值过大，将导致 TMPTM 矩阵尺寸剧增，且后续特征提取计算时间显著增加。此外，大 m 值引入的冗余故障信息反而不利于检测性能提升。本章通过实验验证设定 $m=4$，在保证检测性能的前提下使 TMPTM 的尺寸为 24×24。

图 5.2 展示了正常工况与电弧故障工况下的 TMPTM 与 FMPTM 图像。可见正常工况与电弧故障工况对应的图像纹理特征差异显著，这表明基于 TFMPTF 挖掘的时频排列模式状态转移信息能有效区分正常与故障状态。

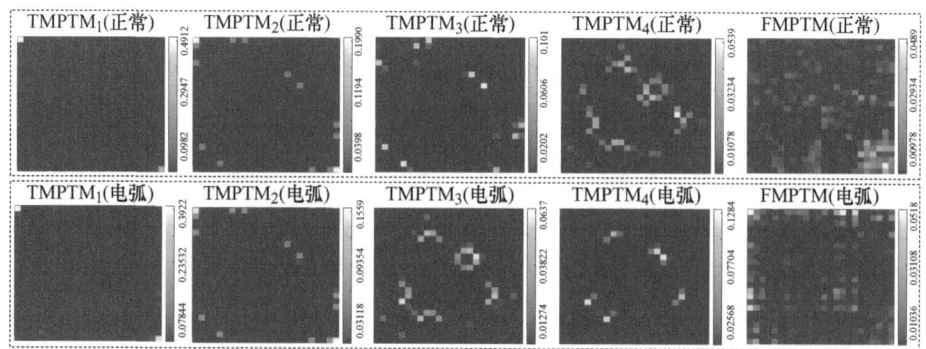

图 5.2 正常工况和电弧故障条件下 TMPTM 和 FMPTM 的图像

5.4 奇异值分解

电弧电流的奇异值蕴含关键故障信息，SVD 是一种有效的特征提取方法。本章通过对二维矩阵（TMPTM 与 FMPTM）进行奇异值分解提取特征值，构建高维特征向量。

对于尺寸为 $L \times L$ 的矩阵 A，其奇异值可通过 SVD 计算：$A = HSV^T$，$S = [\mathrm{diag}(\delta_1, \delta_2, \cdots, \delta_L)] \in R^{L \times L}$ 表示对角矩阵。$\delta_1, \delta_2, \cdots, \delta_L$ 是矩阵 A 的奇异值，并且 $\delta_1 > \delta_2 > \cdots > \delta_L > 0$。$H = [h_1, h_2, \cdots, h_L] \in R^{L \times L}$，$V = [v_1, v_2, \cdots, v_L] \in R^{L \times L}$。$H$ 和 V 属于正交矩阵。

本章中 TMPTM 与 FMPTM 均为 24×24 矩阵。因此，对每个电弧电流样本可提取 $24 \times 5 = 120$ 个奇异值，构建维度为 120 的特征向量。图 5.3 展示了电弧故障工况与正常工况下奇异值的 t-SNE 可视化结果。可见多数奇异值在两类工况下具有良好可分性，仅少量数据点出现状态混淆，验证了所提特征的有效性。

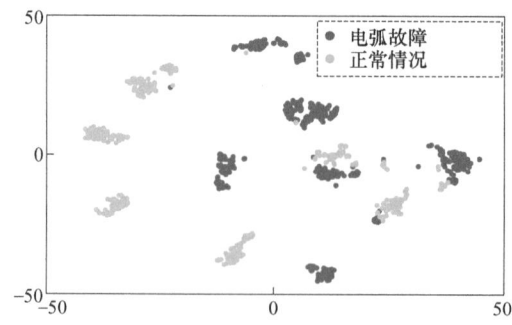

图 5.3 电弧故障条件和正常工况下奇异值的 t-SNE 可视化

本章采用 KELM 对提取特征进行处理，该算法能充分挖掘特征向量与故障类型间的复杂非线性映射关系。

5.5 核极限学习机

基于 ISVD 提取的高维特征向量，本章节采用 KELM 实现特征与故障类别的非线性映射，以提升检测结果的鲁棒性与准确度。

ELM 是一种特殊的单隐含层神经网络结构。ELM 基于广义逆矩阵理论，可随机初始化网络权值以及偏置，通过解析计算可直接得到输出权重。对于一具有 K 个隐含层节点以及激励函数 $g(x)$ 的单隐含层神经网络，若给定一组具有 N 个样本的训练样集 $\{x_j, t_j\}_{j=1}^N$，则其结构可表示为

$$\boldsymbol{o}_j = \sum_{i=1}^{k} \beta_i g(w_i \times x_j + b_i) \qquad j=1,2,\cdots,N \tag{5.8}$$

其中，$\boldsymbol{x}_j=[x_{j1}, x_{j2}, \cdots, x_{jn}]^\mathrm{T}$ 为网络输入矩阵，$\boldsymbol{t}_j=[t_{j1}, t_{j2}, \cdots, t_{jm}]^\mathrm{T}$，为目标矩阵，$\boldsymbol{w}_j=[w_{j1}, w_{j2}, \cdots, w_{jn}]^\mathrm{T}$ 是第 i 个隐含层节点和输入层的权重向量，$\boldsymbol{\beta}_j=[\beta_{j1}, \beta_{j2}, \cdots, \beta_{jm}]^\mathrm{T}$ 为输出层和隐含层之间相互连接的权值，$\boldsymbol{o}_j$ 为网络输出矩阵。ELM 的目标是使网络输出矩阵能够以零误差逼近目标矩阵，即求取式（5.9）关于 $\boldsymbol{\beta}$ 的极小值的问题

$$\min\|\boldsymbol{H}\boldsymbol{\beta}-\boldsymbol{T}\| \tag{5.9}$$

其中

$$\boldsymbol{H} = \begin{bmatrix} g(w_1 x_1 + b_1) & \cdots & g(w_K x_1 + b_K) \\ \vdots & \ddots & \vdots \\ g(w_1 x_N + b_1) & \cdots & g(w_K x_N + b_K) \end{bmatrix} \tag{5.10}$$

$$\boldsymbol{\beta} = \begin{bmatrix} \beta_1^\mathrm{T} \\ \vdots \\ \beta_N^\mathrm{T} \end{bmatrix},\ \boldsymbol{T} = \begin{bmatrix} t_1^\mathrm{T} \\ \vdots \\ t_N^\mathrm{T} \end{bmatrix} \tag{5.11}$$

式中，$\boldsymbol{H}$ 为 EML 隐含层输出矩阵；$\boldsymbol{\beta}$ 为输出权重矩阵。式（5.9）实质上是求取 $\boldsymbol{\beta}$ 的最小二乘解 $\boldsymbol{\beta}^*=\boldsymbol{H}^\dagger \boldsymbol{T}$，$\boldsymbol{H}^\dagger$ 为 EML 隐含层输出矩阵的摩尔-彭洛思广义逆。

摩尔-彭洛思广义逆的数值结果的求取通常是不稳定的，通常采用以下形式的正则化方法优化最小二乘求取问题。

$$\min\|\boldsymbol{H}\boldsymbol{\beta}-\boldsymbol{T}\|+\frac{1}{\lambda}\|\boldsymbol{\beta}\| \tag{5.12}$$

式中，λ 为正则化参数；则 $\boldsymbol{\beta}$ 的估计值 $\boldsymbol{\beta}^*$ 的结果如式（5.13）所示。

$$\beta^* = H^T(HH^T + \lambda I)^{-1}T \tag{5.13}$$

式中，I 为单位矩阵。

由于 ELM 的初始化权值是随机的，而且通常 ELM 的输出是不稳定的。为了提升 ELM 的稳定性并增强 ELM 的泛化能力，Huang 通过对 SVM 以及 ELM 原理的分析[122]，在 ELM 中采用核函数的方法，从而提出 KELM 算法。KELM 原理如下：

可将 ELM 隐含层输出矩阵 H 重写为

$$H = [h(x_1), \cdots, h(x_N)] \tag{5.14}$$

式中，$h(x_i)$ 为 x_i 的非线性映射（基于 ISVD 和训练数据集得到的特征向量）集合；N 为训练数据集样本数。HH^T 可表示为

$$HH^T = \begin{bmatrix} K(x_1, x_1) & \cdots & K(x_1, x_N) \\ \vdots & \ddots & \vdots \\ K(x_N, x_1) & \cdots & K(x_N, x_N) \end{bmatrix} \tag{5.15}$$

式中，K 为核函数。KELM 的输出可表示为

$$f(x^*) = h(x^*)H^T(HH^T + \lambda I)^{-1}T = \begin{bmatrix} K(x^*, x_i) \\ \vdots \\ K(x^*, x_N) \end{bmatrix}^T (HH^T + \lambda I)^{-1}T \tag{5.16}$$

式中，x^* 为测试数据集中的样本。KELM 的输出矩阵可表示为

$$\beta^* = (HH^T + \lambda I^{-1})T \tag{5.17}$$

式中，λ 为正则化参数并可增强 β^* 计算结果的稳定性；T 为训练数据集的标签向量。

径向基函数（radial basis function，RBF）具有良好的非线性拟合能力，本节采用 RBF 作为 KELM 中的核函数。RBF 的结构如式（5.18）所示

$$K(x^*, x_i) = \exp\left(-\frac{\|x^* - x_i\|}{2\delta^2}\right) \tag{5.18}$$

式中，δ^2 为决定了高位数据空间复杂度的核函数参数。$x_i, i \in \{1, 2, \cdots, N\}$ 和 x^* 分别为属于训练数据集和测试数据集的样本。KELM 的结构图如图 5.4 所示，x^{*m} 为 x^* 的第 m 维元素。

在 KELM 中，隐含层节点数由样本数据个数决定。δ^2 和 λ 为两个与检测性能密切相关的关键超参数。本章采用 PSO[123-124]实现参数 δ^2 和 λ 的优化选取。

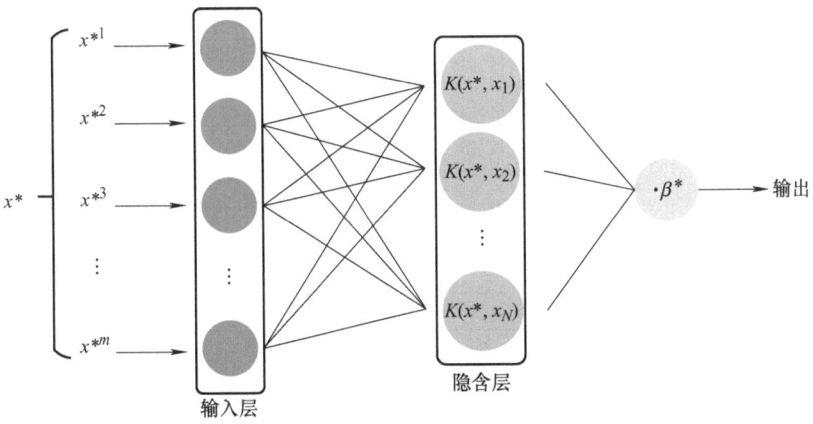

图 5.4　KELM 的结构图

5.6　实验平台和数据收集

为验证所提方法性能，本章搭建了如图 5.5 所示的实验验证平台。该平台中，光伏模拟源可模拟太阳能电池的伏安特性并为负载提供直流电能；负载端配置逆变器、DC-DC 变换器和电阻三类商用负载，通过选择开关实现负载类型切换；电弧发生器串联接入电路，系统通电后，通过电弧长度控制器将电弧发生器的两极分离至一定距离即可引发电弧故障。

本平台采用电流传感器采集电弧电流，传感器输出的模拟信号经数据采集板卡转换为数字信号后传输至微控制单元（MCU）。鉴于电弧特性主要反映在 100kHz 以下频段[125]，本章设置 DAQ 采样率为 200kHz。MCU 可对采集数据进行在线分析或存储，PC 端可通过 USB 接口下载存储数据。

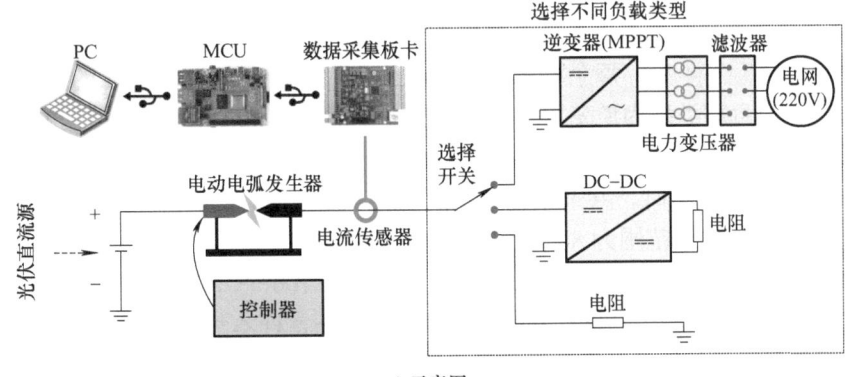

a) 示意图

图 5.5　实验验证平台

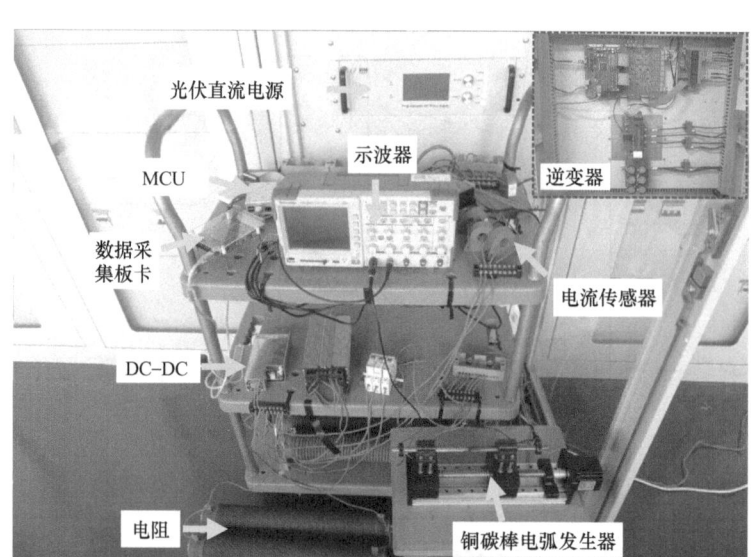

b）实际平台

图 5.5　实验验证平台（续）

系统算法编程在 MCU 与 PC 端均采用 Python 3.7 环境实现。其中 MCU 搭载 ARM Cortex-A72 处理器，PC 端配置 Windows 11 操作系统，硬件采用 Intel i5-12500H 处理器与 NVIDIA RTX 3050 显卡，内存容量为 32GB。

图 5.6 给出了不同类型负载下的正常电流与电弧电流波形。电弧故障工况下电流信号随机性增强且波动幅值增大，其中逆变器与 DC-DC 变换器作为非线性负载，其电流波动程度显著高于电阻型线性负载。正常工况电流信号具有良好平稳性，但最大功率点跟踪动作、电压波动等瞬态操作会引入类电弧分量。

本章基于搭建的实验平台共采集 31500 个样本，其中训练集 18900 个样本，测试集 12600 个样本。每个样本包含 1024 个数据点，数据集对应的实验条件见表 5.1。当负载类型为逆变器时，共采集 11600 个样本（正常工况 5800 个，电弧故障工况 5800 个），其工作电压范围为 250～400V，电流范围为 6～17A；当负载为 DC-DC 变换器时，共采集 4700 个样本（正常工况 2500 个，电弧故障工况 2200 个），工作电压范围为 80～150V，电流范围为 2～8A；当负载为电阻时，采集 4700 个样本（正常工况 2500 个，电弧故障工况 2200 个），工作电压范围为 50～400V，电流范围为 2～17A。需特别说明的是，正常样本包含瞬态工况（光伏源输出电压波动与负载启动过程）。

第5章 适应多种工作环境的直流串联电弧故障检测方法

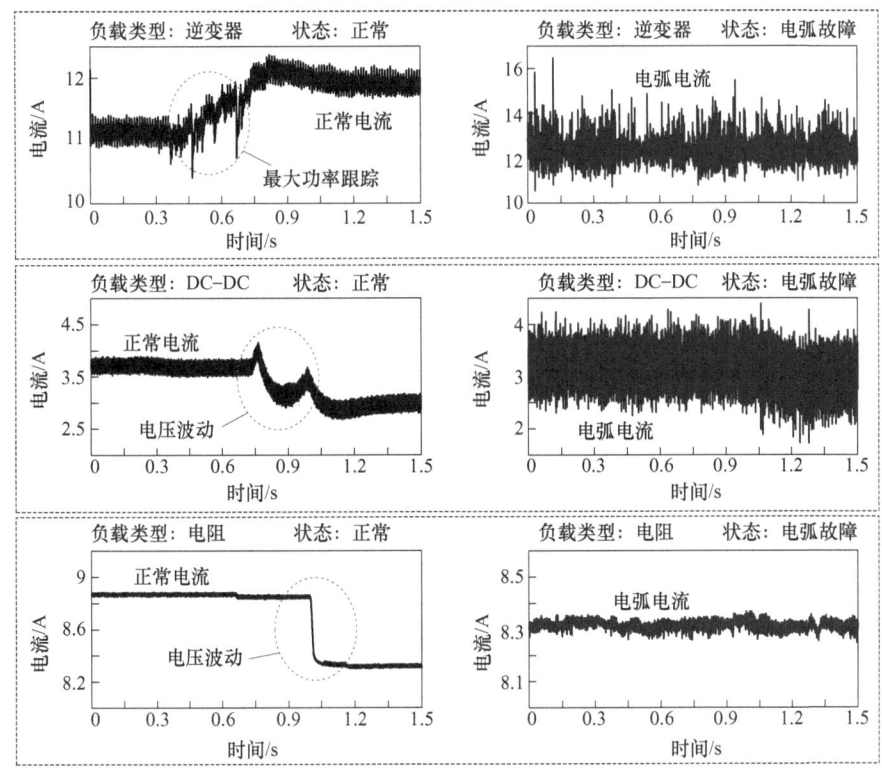

图 5.6 不同类型负载下的正常电流和电弧电流

表 5.1 数据集对应的实验条件

状态	电压/V	电流/A	标签	样本数	负载类型
正常	250~400	6~17	1	5800	逆变器
	80~150	2~8		2500	DC-DC
	50~400	2~17		2500	电阻
电弧故障	250~400	6~17	2	5800	逆变器
	80~150	2~8		2200	DC-DC
	50~400	2~17		2200	电阻

5.7 实验结果分析

5.7.1 所提方法在离线环境下的检测结果

本章基于离线环境采集数据验证所提方法性能，不同实验条件下的检测结果

109

见表 5.2。总体检测准确度达 98.97%（12471/12600），其中正常工况检测准确度 99.24%（6431/6480），电弧故障（串联电弧故障）工况检测准确度 98.69%（6040/6120）。该方法不仅能准确实现电弧故障检测，还可有效抑制正常工况误报。由于电弧故障会引发电流信号复杂随机波动，其检测准确度低于正常工况，反映出故障检测难度提升。

表 5.2　所提方法在不同实验条件下的检测结果

状态	负载类型	检测结果
正常	逆变器	99.11%（3449/3480）
	DC-DC	98.86%（1483/1500）
	电阻	99.93%（1499/1500）
电弧故障	逆变器	98.62%（3432/3480）
	DC-DC	98.56%（1301/1320）
	电阻	99.01%（1307/1320）
总体检测准确度为 98.97%（12471/12600）		

在正常工况下，电阻负载情况下的检测准确度（99.93%）高于逆变器情况（99.11%）与 DC-DC 变换器情况（98.86%）。这是因为电阻为线性负载，而逆变器与 DC-DC 变换器属于非线性负载，其高频开关操作会引入复杂噪声，更易引发检测算法误报。

电弧故障工况下，电阻负载情况下的检测准确度（99.01%）仍高于逆变器情况（98.62%）与 DC-DC 变换器情况（98.56%）。由于逆变器与 DC-DC 变换器内置功率控制机制，当系统发生电弧故障时，故障引起的不稳定波动会突破控制算法稳定工作区间，导致电流信号呈现更强复杂振荡特性，从而增加电弧故障检测难度。

TFMPTF 的关键参数为模态数 K 与嵌入维数 m。图 5.7 展示了不同 K 值下的检测准确度与特征提取时间。当 K 值较小时，VMD 将电弧电流分解为有限模态，

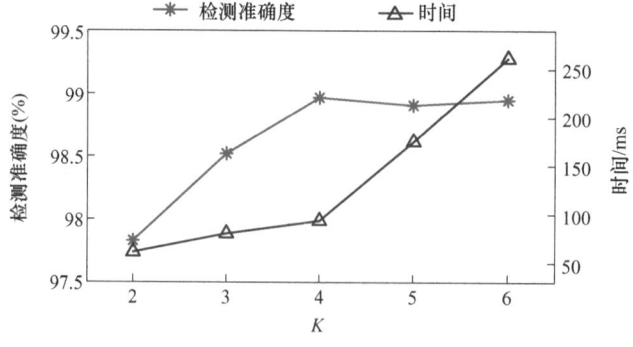

图 5.7　不同 K 值的检测准确度和特征提取时间

此时 VMD 分解耗时较短且待处理的 TFMPTM 数量较少,特征提取时间随 K 减小而降低。但 K 过小会导致电弧电流故障特征分离不足,影响检测准确度;反之,K 过大会引发过分解问题,虽显著增加计算耗时却难以提升检测准确度。当 K 增至 4 时检测准确度趋于稳定,故本章设定 $K=4$。

图 5.8 展示了不同 m 值的检测准确度和特征提取时间。当 m 过小时,向量包含的物理状态不足,难以有效捕捉电弧电流动态突变;而当 m 过大时,TFMPTM 维度显著增大导致奇异值提取耗时延长。此外,高值 m 可能会导致不同向量之间的同质化,从而导致过多的冗余信息。如图 5.8 所示,当 $m \leqslant 4$ 时检测准确率低于 98.1%。超过此阈值后,检测准确率会略有下降,但仍保持在 98.8%以上。如果 $m \leqslant 4$,则特征提取时间稳定在 93ms 左右。然而,一旦 $m>4$,特征提取时间就会随着 m 值的增加而以指数方式迅速增加。因此,考虑到检测准确性和特征提取时间的考虑,本研究将 m 设定为 4。

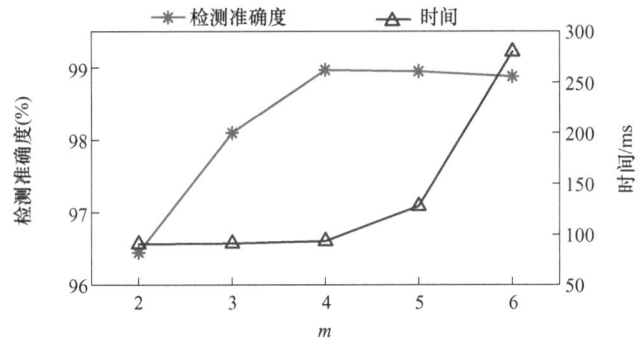

图 5.8 不同 m 值的检测准确度和特征提取时间

本章采用 KELM 作为分类器以实现精确检测。参数 τ 与 δ 的选取对 KELM 的性能有很大影响。为了确保最佳的分类效果,在训练过程中实施了 5 倍交叉验证方法,以评估 KELM 在各种参数组合中的性能。该方法将训练集划分为五个大小相等的子集,其中四个用于训练 KELM,而保留一个用于验证。这个过程重复五次,每次迭代选择一个不同的子集作为测试集,并使用剩余的子集进行验证。最终,这五个评估结果的平均值产生最终的验证准确度。

图 5.9 展示了不同 τ、δ 参数组合对应的验证准确度。当 τ 与 δ 波动时,验证准确度会显示多个峰值以及明显的非线性。此外,参数 τ 与 δ 间存在很强的耦合。传统的网格搜索方法用于确定 KELM 的关键参数存在准确度不足、搜索效率低等问题。PSO 是一种启发式优化算法,不依赖于梯度信息,因此非常适合解决以多个峰值、不连续性和非线性为特征的优化问题。在本章中,PSO 用于确定 KELM 的两个关键参数 τ 和 δ。在 KELM 中使用 PSO 进行参数提取之前,必须为正在优

化的参数建立搜索范围，配置 PSO 的内部设置，并构建适当的目标函数。τ、δ 的搜索范围分别设定为[0，1000]和[0，22000]；PSO 内部参数惯性因子 ω、学习因子 C_1 与 C_2 设定为 1.45、0.729 和 0.729。在 KELM 训练期间获得的交叉验证准确度用作参数优化过程中的适应度值。

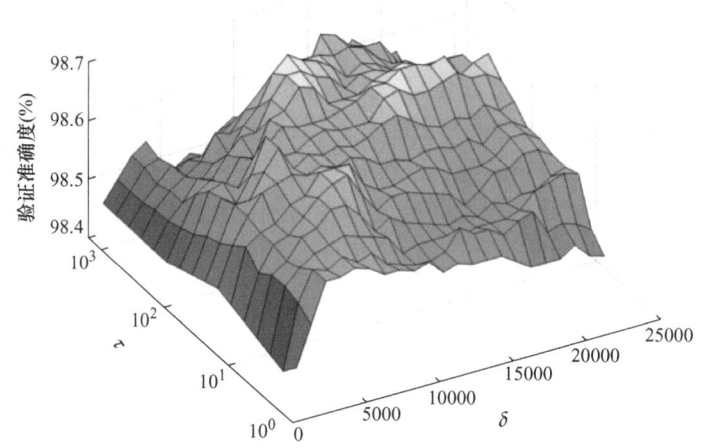

图 5.9　τ 和 δ 不同值下的验证准确度

PSO 优化 KELM 参数的核心原理在于迭代过程中持续评估不同参数组合的适应度值，适应度越高表明参数组合越优。本研究设定 PSO 种群规模为 30，迭代次数 500 次，最终获得优化参数 τ =398.1、δ =11684.2。

5.7.2　离线环境下不同特征提取方法的性能比较

在本章中，将所提出的特征提取方法（PF）的性能与 9 种不同的特征提取方法进行了比较。将基于不同特征提取方法获得的特征输入到 KELM 中，以产生检测结果。需要注意的是，为了比较各种特征提取方法的稳定性和鲁棒性，每种方法执行 30 次。在每个实验中，随机选择 18900 个样本来构建训练集，而 12600 个样本用于测试集。随后，计算不同特征提取方法的平均检测准确度和检测准确度的标准差（standard deviation，Std）。

特征提取方法 CF_1：CF_1 使用传统的 MTF 和 SVD 来提取特征。首先，构造电流信号的 MTF，然后提取 MTF 的奇异值来构造特征向量；CF_1 可用于验证所提出的 TFMPTF 的性能是否优于传统 MTF。

特征提取方法 CF_2[126]：CF_2 基于 RP 的 RQA。首先，构建电弧电流的 RP。然后对 RP 进行 RQA 以获得递归率、确定性、熵和平均对角线长度，以构建特征向量。在参考文献[126]中，嵌入维数、时间延迟和准则阈值分别为4、2和0.6021。

特征提取方法 CF_3[127]：CF_3 基于 IRP、RQA 和 SVD。CF_3 提取基于 RQA 的特征（递归率、确定性、熵、平均对角线长度）和5个最大奇异值来构建特征向量。在 CF_3 中，嵌入维度和时间延迟分别为4和2。

特征提取方法 CF_4[128]：CF_4 通过提取电流方差（Var）、脉冲因子（PUF）、峰度因子（KF）和小波能量熵（WTEnt）来构建特征向量。CF_4 中使用的小波基函数的类型是 db4。

特征提取方法 CF_5[129]：CF_5 基于 VMD 和多尺度模糊熵（MFE）。首先，利用 VMD 将电弧电流分解为4个分量，提取第一模态和第二模态在前5个尺度下的模糊熵，构建10维特征向量；MFE 的嵌入尺寸、渐变和边框宽度分别为3、2和0.15。

特征提取方法 CF_6：CF_6 是一种基于经验模态分解（EMD）、频域能量（FDE）、最小到最大值（MMV）和 Var 的特征提取方法。首先，电弧电流被 EMD 分解为模态。然后，从模态中提取 FDE、MMV 和 Var 以构建4维故障特征向量。

特征提取方法 CF_7、CF_8 和 CF_9：PF 与三种比较方法（CF_7、CF_8 和 CF_9）之间的主要区别在于它们各自的降维技术。CF_7 是一种基于主成分分析（PCA）[130]的方法。CF_8 是一种基于线性判别分析（LDA）[131]的方法。CF_9 是一种基于非负矩阵分解（NNMF）[132]的方法。PCA、LDA 和 NNMF 是三种具有代表性的降维技术。每个矩阵（TMPTM 和 FMPTM）通过 PCA、LDA 或 NNMF 压缩成24维向量。因此，CF_7、CF_8 和 CF_9 中故障特征向量的维度与 PF 的维度相匹配。

表 5.3 显示了所提出的特征提取方法（PF）和9种比较特征提取方法（CF_1、CF_2、CF_3、CF_4、CF_5、CF_6、CF_7、CF_8 和 CF_9）的性能。PF、CF_1、CF_2、CF_3、CF_4、CF_5、CF_6、CF_7、CF_8 和 CF_9 的平均检测准确率分别为 98.97%、93.02%、94.03%、97.75%、92.06%、97.38%、95.17%、98.30%、91.81%和97.05%。PF、CF_1、CF_2、CF_3、CF_4、CF_5、CF_6、CF_7、CF_8 和 CF_9 的准确率标准差分别为 0.08%、0.24%、0.20%、0.18%、0.25%、0.20%、0.22%、0.13%、0.23%和0.16%。

表 5.3 不同特征提取方法的离线性能

	方法	特征提取时间/ms	平均检测准确率(%)	准确率标准差(%)
PF	VMD+TFMPTF+SVD	93.8	98.97	0.08
CF_1	MTF+SVD	4.86	93.02	0.24
CF_2	RP+RQA	36.1	94.03	0.20
CF_3	IRP+RQA+SVD	47.2	97.75	0.18
CF_4	Var+PUF+KF+WTEnt	1.54	92.06	0.25
CF_5	VMD+MFE	759.1	97.38	0.20
CF_6	EMD+Var+MMV+FDE	5.9	95.17	0.22

（续）

方法		特征提取时间/ms	平均检测准确率(%)	准确率标准差(%)
CF_7	VMD+TFMPTF+PCA	93.2	98.30	0.13
CF_8	VMD+TFMPTF+LDA	92.7	91.81	0.23
CF_9	VMD+TFMPTF+NNMF	101.43	97.05	0.16

PF 的平均检测准确度比 CF_1 高 5.95%，表明基于 VMD 和 TFMPTF 的特征提取方法的性能优于基于传统 MTF 的方法。与 MTF 相比，所提方法能够更有效地挖掘隐藏在时频域中的状态转换信息。PF 的检测准确度明显高于其他 9 种最先进的特征提取方法，进一步证明了所提出的特征提取方法的先进性和有效性。虽然 CF_1、CF_4 和 CF_6 的特征提取时间低于 10ms，但 CF_1、CF_4 和 CF_6 的平均检测准确度并不令人满意（低于 96%）。对 PF、CF_7、CF_8 和 CF_9 的实验结果的比较表明，使用 PCA、LDA 和 NNMF 获得的检测准确度不如通过 SVD 获得的检测准确度。PCA 和 LDA 的特征提取时间与 SVD 的特征提取时间相当。然而，NNMF 的特征提取时间大于 SVD 的特征提取时间。因此，SVD 的总体性能优于 PCA、LDA 以及 NNMF。PF 的准确率标准差为 0.08%，低于其他特征提取方法。

CF_2 和 CF_3 的特征提取时间约为 40ms，与所提出的方法（93.8ms）没有一个数量级的差异。CF_5 的特征提取时间（759.1ms）是 7 种特征提取方法中最大的。在特征提取时间方面，所提出的方法并不具有绝对的优势，但仍然可以接受。标准 UL1699B 规定电弧故障检测时间不应超过 2.5s[133]，5.7.4 节将验证所提方法的在线检测速度是否能满足标准要求。

在不同的训练和测试数据集下，与 9 种参考方法相比，本章所提出的特征提取方法实现了更高的平均检测准确度和更低的准确率标准。在减轻测试样本中未知状态对检测结果的干扰方面具有更好的效果。该方法的鲁棒性、稳定性和可扩展性得到了验证。

5.7.3 不同分类方法在离线环境中的性能比较

本章中，所提方法中使用的 KELM 与 10 种分类方法进行了比较。RF、AdaBoost（ABT）、GradientBoosting（GRBT）、HistGradientBoosting（HiGRBT）[134]和极限树（extra trees，ET）是集成方法。SVM 和神经网络（NN）是传统的机器学习算法。KELM、RF、ABT、GRBT、HGRBT、SVM 和 NN 所使用的特征是基于所提特征提取方法提取的。EHCNN[135]、LOCALVIT[136]、RESNET18[137]和 VGG16[138]是深度学习方法，值得注意的是，这些深度学习方法使用原始电流信号作为输入。

在 RF、ABT、GRBT 和 ET 中，树的数量设为 50。在 HiGRBT 中，最大迭代次数为 200。在 SVM 中，惩罚参数 σ 和核函数 ρ 通过 PSO 选择。在 NN 中，最大训练次数为 200，学习率为 0.001，网络结构为[120，50，1]。EHCNN、LOCALVIT、RESNET18 和 VGG16 的学习率分别为 6×10^{-4}、1×10^{-5}、2×10^{-6} 和 1×10^{-4}。有关 EHCNN、LOCALVIT、RESNET18 和 VGG16 的更多细节，参考文献[135-138]。为了获得最佳性能，上述模型中的参数都经过精心选择。

1. EHCNN

EHCNN 首先构造多尺度卷积网络提取故障样本的多尺度特征，挖掘具有识别性的有用信息；然后设计自适应权重单元对多尺度特征进行加权融合，增加重要特征的贡献度，减少非相关特征的影响；最后采用 Focal Loss 作为损失函数，使训练过程中网络模型更关注故障样本和易混淆样本。

EHCNN 内的多尺度网络构建了相同形状的平行通道，采用不同大小的卷积核搭配不同数量的过滤器提取样本的多尺度特征。为了丰富特征的视野尺度，卷积核尺寸应该覆盖一定的范围，选择单数的卷积核，能够匹配数据的中心点，不易产生特征偏移。多尺度特征提取网络的过程可以描述为

$$\begin{cases} X_{1*1} = MP[S(\sum W^1 * X_j + B_j)] \\ X_i^{S_S} = MP[S(\sum W_i^{S_S} * X_j + B_i^{S_S})] \\ X_i^{S_M} = MP[S(\sum W_i^{S_M} * X_i^{S_S} + B_i^{S_M})] \\ X_i^{\text{out}} = MP[S(\sum W_i^{S_L} * X_i^{S_M} + B_i^{S_L})] + X_{1*1} \end{cases} \quad (5.19)$$

式中，X_j 为输入的第 j 个原始故障信号；$S(\cdot)$ 为 Swish 激活函数；下标 i 为第 i 个特征提取网络；上标 S_S、S_M、S_L 分别代表卷积层过滤器的数量；$W_i^{S_S}$、$W_i^{S_M}$、$W_i^{S_L}$ 分别为第 i 个特征提取网络中与特定数量过滤器对应的权重；$B_i^{S_S}$、$B_i^{S_M}$、$B_i^{S_L}$ 为与上述权重对应的偏置；W^1、B_j 为旁路连接通道中卷积层的权重和偏置；X_{1*1}、$X_i^{S_S}$、$X_i^{S_M}$ 为第 i 个特征提取网络中不同层的输出向量；X_i^{out} 为该特征提取网络的最终输出向量。

图 5.10 所示为 EHCNN 内的多尺度网络原理图。

EHCNN 中设计了自适应权重单元对多尺度特征进一步处理。如图 5.11 所示，首先利用卷积层和最大池化层对输入特征进行压缩，使特征的重要性更容易被学习，然后利用大小为 1 的卷积神经网络为每个特征生成对应权重值，上采样层用于将权重还原至和输入特征相同的尺寸和维度，使特征权重值的形状和特征形状对应，便于乘积运算，最后通过 Softmax 函数将特征的重要性压缩至 0~1 之间。自适应权重单元本质上是所提方法中的网络连接层，利用分类损失函数进行训练，通过误差的反向传播即可完成有关参数的更新，从而每次训练过程中计算的特征重要性也会发生变化，即完成权重的自适应过程。其原理如下所示：

$$Y_i = \mathrm{MP}_{(P,n)}[S(\sum W_i * X_i^{\mathrm{out}} + B_i)] \tag{5.20}$$

$$Y_i' = \mathrm{UP}[S(\sum W_i^r * Y_i + B_i^r)] \tag{5.21}$$

$$\eta_i = \frac{1}{\sum_{j=1}^{S_L} \mathrm{e}^{Y_i'(j)}} \left[Y_i'(1)\ Y_i'(2) \cdots Y_i'(S_L) \right]^{\mathrm{T}} \tag{5.22}$$

$$X_f^{\mathrm{out}} = (\eta_1 \times X_1^{\mathrm{out}}, \eta_2 \times X_2^{\mathrm{out}}, \eta_3 \times X_3^{\mathrm{out}}) \tag{5.23}$$

式中，W_i、B_i 为对第 i 个特征提取网络提取的特征进行重要性学习时卷积层的权重和偏置；W_i^r、B_i^r 是进行尺寸复原操作时卷积层的权重和偏置；Y_i、Y_i' 为自适应权重单元不同层的输出；UP(•) 为上采样运算；η_i 为第 i 个特征提取网络提取特征的重要性向量；X_f^{out} 为输出的加权融合多尺度特征。将该融合特征输入 LSTM，可进一步提升其鲁棒性和抗噪性。

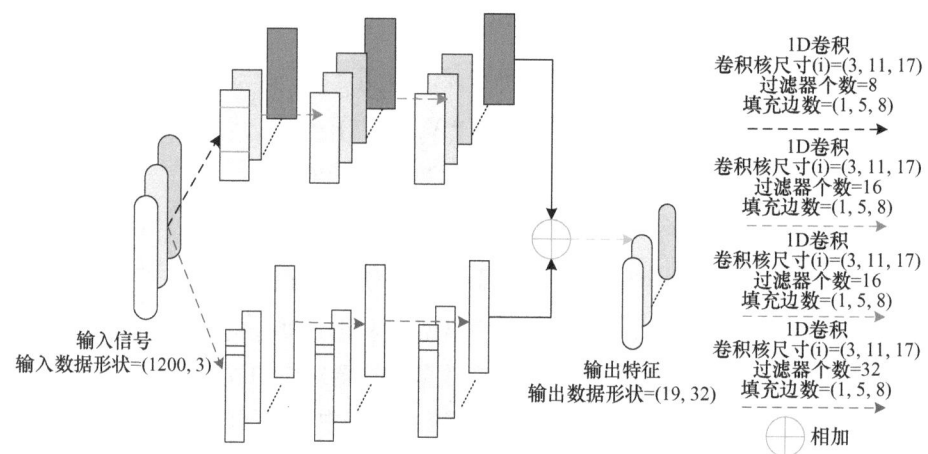

图 5.10　EHCNN 内的多尺度网络原理图

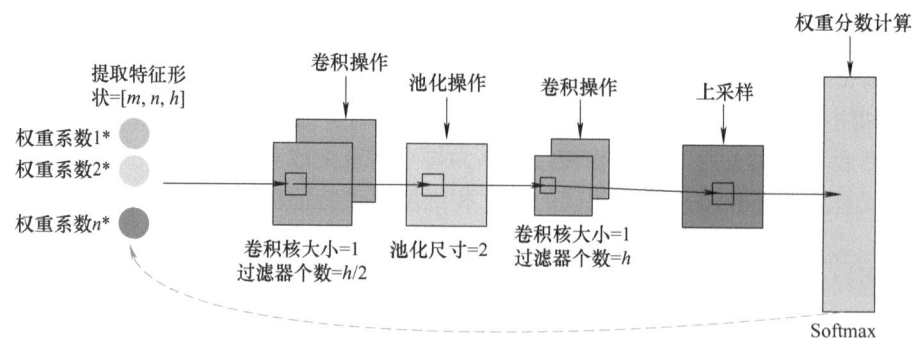

图 5.11　EHCNN 内的自适应权重单元原理图

EHCNN 采用 Focal Loss 损失函数作为训练过程中的损失函数,相较于传统损失函数,Focal Loss 损失函数能平衡健康样本与故障样本之间的数量差异,其与不同故障类型的样本数量呈负相关关系,并通过引入放缩因子用于降低易分类样本损失所占比例,增加易混淆样本的损失贡献,使训练过程中神经网络更关注易混淆样本。

$$\mathrm{FL} = -\sum_{m=1}^{n} a_m (1-y_m^p)^\gamma y_m^t \lg(y_m^t) \tag{5.24}$$

2. LOCALViT 原理扩充

LOCALViT 的核心原理在于在 Vision Transformer(ViT)框架中引入显式局部感知能力,以弥补原始 ViT 缺乏空间局部性的问题。LOCALViT 通过分层局部注意力机制和空间下采样设计,在保留全局建模能力的同时,显著降低计算复杂度并提升特征的空间敏感性。其架构图如图 5.12 所示。

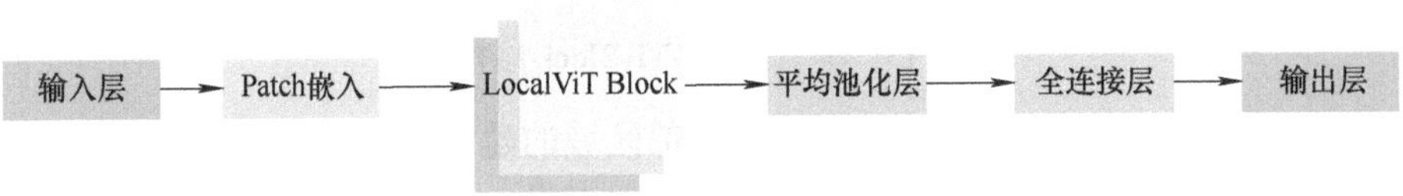

输入层 → Patch 嵌入 → LocalViT Block → 平均池化层 → 全连接层 → 输出层

图 5.12 LOCALViT 的结构图

LOCALViT 的输入为二维图像,为适应 Transformer 的输入格式,首先需将图像划分为固定大小的 patch,然后将每个 patch 利用卷积操作映射为向量,其形式具体为

$$z_0 = \mathrm{Conv2D}(x; \mathrm{kernel} = p, \mathrm{stride} = p) \tag{5.25}$$

其中,$x \in \mathbb{R}^{H \times W \times C}$ 是原始图像,p 为 patch 大小,kernel 大小与卷积操作步长大小相同。输出 $z_0 \in \mathbb{R}^{H' \times W' \times D}$,$H' = H/p$,$W' = W/p$。

接着将划分好的 patch 输入到多个堆叠的 LocalViT Block 中,每个 Block 包含三部分:局部注意力机制、深度卷积模块和前馈网络,每个 LocalViT Block 的结构如图 5.13 所示。

在标准 ViT 中,注意力由全局计算获得,模型计算复杂度较大。LOCALViT 引入局部注意力机制:将输入划分为多个小的窗口,在每个窗口内独立执行自注意力计算,从而增强局部建模能力并降低特征计算复杂度。输入特征被划分为 N 个窗口大小为 $M \times M$ 的不重叠局部窗口,每个窗口为 $z_i \in \mathbb{R}^{M^2 \times D}$,在每个窗口中计算多头注意力机制

$$z' = \mathrm{Concat}(h_1, \cdots, h_H) W^O$$

$$h_j = \text{Softmax}\left(\frac{Q_j K_j^{\text{T}}}{\sqrt{d_k}}\right)V_j \tag{5.26}$$

式中，$Q_j = z_i W_j^Q$、$K_j = z_i W_j^K$ 和 $V_j = z_i W_j^V$ 是第 j 个注意力头的查询、键和值；$W_j^Q, W_j^K, W_j^V \in \mathbb{R}^{D \times d_k}$；$d_k = D/H$ 是每个头的维度，H 是头数；$W^O \in \mathbb{R}^{D \times D}$ 为输出线性层的权重；Concat(·) 指将多个头拼接。

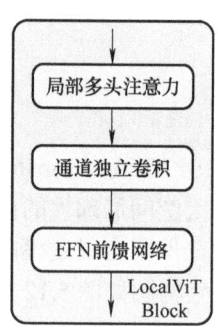

图 5.13　单个 LocalViT Block 结构图

尽管局部注意力机制提高了模型对局部区域的建模能力，但 Transformer 原生结构依然对相邻像素之间的局部依赖建模能力不足。为此，LOCALViT 在每个注意力机制模块之后，引入了一层深度可分离卷积（DepthWise Convolution，DWConv），对每个通道独立执行卷积操作：$z'' = \text{DWConv}(z')$。

LOCALViT 在传统 Transformer 的前馈网络中采用两层全连接层，将 FFN 中间插入一个深度可分离卷积，增强局部空间信息建模。首先，在输入特征上添加局部卷积，再通过两层全连接层进行非线性映射：

$$z''' = \text{GELU}(z'' W_1 + b_1)W_2 + b_2 \tag{5.27}$$

式中，W_1、W_2 为全连接层的参数；b_1、b_2 为偏置项。

每个 LocalViT Block 输出 z''' 作为当前层的结果传递给下一次 Block，在所有的 LocalViT Block 堆叠完成后，最终的特征 $z_{\text{final}} \in \mathbb{R}^{H' \times W' \times D}$ 被输入至一个全局平均池化层中，此过程具体为：$z_{\text{cls}} = \dfrac{1}{H'W'} \sum_{i=1}^{H'} \sum_{j=1}^{W'} z_{\text{final}}(i,j)$。最后，连接全连接层，将投影为类别数维度的向量，通过 Softmax 得到最终的输出结果。

3. RESNET18 原理扩充

RESNET18 是网络结构为 18 层的残差卷积神经网络，其核心在于残差学习框架的构建。传统的卷积神经网络在加深网络结构时容易出现梯度消失或梯度爆炸的问题，导致训练难以收敛，深层网络性能相比于浅层网络性能下降。如图 5.14 所示，残差卷积神经网络通过跳跃连接的方式允许输入信号可以跨层连接，解决了深层网络结构导致的梯度消失和网格退化问题。

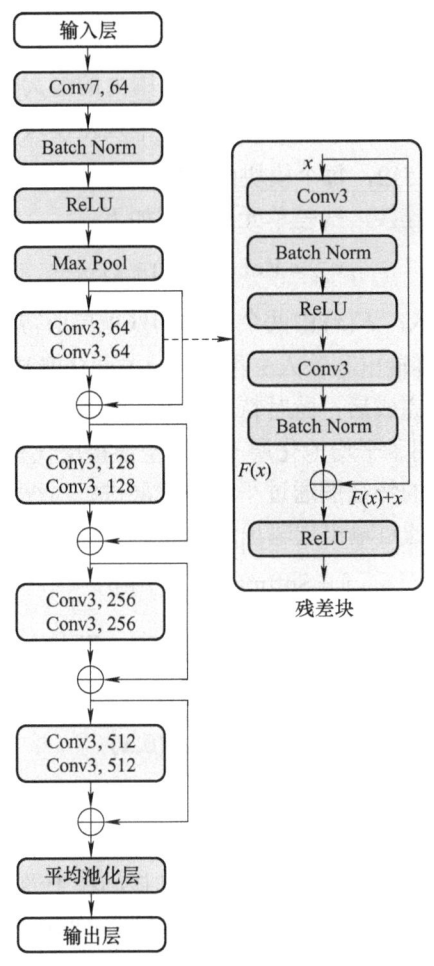

图 5.14　RESNET18 的结构图

在 RESNET18 中，整体网络接收一个形状为 224×224×3 的图像输入，首先经过一个 7×7 的卷积层进行初步特征提取，然后依次输入至四个残差模块（每个模块包含若干残差单元，每个单元由两个卷积层构成），最后通过平均池化层和全连接层输出预测结果。整个网络共有 18 个带权重的层。

残差网络的核心思想在于每个残差单元不再直接学习输入到输出之间的映射 $H(x)$，而是改为学习一个残差函数 $F(x) = H(x) - x$，即输出为 $H(x) = F(x) + x$。这种结构可以通过恒等映射更容易地传递梯度，使得网络加深后性能不再退化。

首先，将输入数据利用卷积层进行初始特征提取，此过程具体为

$$x_1 = \text{ReLU}\{\text{BN}[\text{Conv}_{7\times 7, 64}(x)]\} \tag{5.28}$$

式中，x 为输入数据；$\text{Conv}_{7\times 7, 64}$ 表示一个大小为 7×7、步长为 2 的卷积核，输出通道为 64；BN 表示批量归一化操作；ReLU 为激活函数；x_1 为第一层输出。

接着利用 3×3 的最大池化层提取局部范围内的最大值保留显著特征：$x_2 = \text{MaxPool}_{3\times 3, \text{stride}=2}(x_1)$。随后将输出依次通过四个残差模块，每个模块的通道大小分别为 64、128、256、512，每个模块内部有 2 个残差单元，每个单元结构为两个连续的卷积层与残差连接，残差单元的形式如下：

$$x_{\text{out}} = \text{ReLU}(F(x) + x) \tag{5.29}$$

式中，x 为该单元的输入；$F(x)$ 由两个 3×3 的残积层所得，每个卷积层后均包含 BN 层与 ReLU 层，最终输出与输入 x 相加通过 ReLU 激活传递给下一个模块。

当所有的残差模块完成后，此时特征图大小为 7×7×512。区别于传统卷积神经网络，RESNET18 采用了平均池化层与微型全连接层代替了以往的输出层方式。将最后一个卷积层输出的特征图通过平均池化层进行压缩，利用微型全连接层连接所有神经单元，最终通过输出层输出结果。此过程具体为

$$\hat{y} = \text{Softmax}(Wx_{\text{pool}} + b) \tag{5.30}$$

式中，$x_{\text{pool}} = \text{GAP}(x_{\text{res4}})$，GAP(•) 是平均池化法；$W$ 和 b 分别是全连接层的权重和偏置，Softmax 函数将输出转化为概率分布；$\hat{y}$ 为最终输出结果。

$$\text{ReLU}(x) = \max(0, x) \tag{5.31}$$

4. VGG16 原理扩充

VGG16 是一种深度卷积神经网络结构，其核心在于通过反复堆叠小尺寸卷积核与最大池化层构建深层次网络，极大提升了网络的特征提取能力，其结构图如图 5.15 所示。

VGG16 输入数据大小为 224*224*3，输入特征首先输入至第一组卷积模块中第一组卷积模块中。每一个卷积模块由若干个连续的卷积层与一个最大池化层组成。卷积操作的本质是利用一组可学习的卷积核在数据上滑动，通过加权求和提取局部特征。VGG16 的每一层卷积均采用固定的 3×3 卷积核，步长为 1，填充为 1，保持特征图的空间尺寸不变。卷积之后，使用 ReLU 非线性激活函数提高训练效率，降低过拟合和梯度消失的风险。此过程具体为

$$z_i^{(l)} = \text{ReLU}(W^{(l)} * x^{(l-1)} + b^{(l)}) \tag{5.32}$$

式中，$z_i^{(l)}$ 表示第 l 层第 i 个通道的输出特征；$W^{(l)}$ 为第 l 层卷积核的权重；$x^{(l-1)}$ 为前一层的输出；$b^{(l)}$ 为偏置项；*表示二维卷积操作；ReLU($\cdot$) 表示使用 ReLU 作为激活函数，其作用为保留正值，抑制负值。

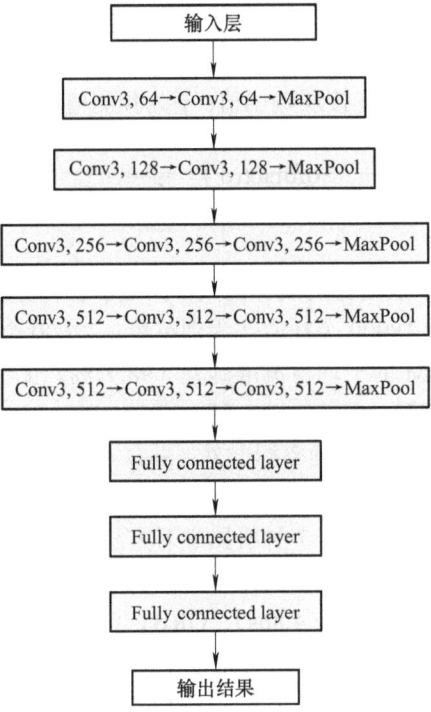

图 5.15 VGG16 的结构图

完成卷积后，将数据输入至最大池化层中对特征值进行下采样，选取区域内的最大值。最大池化法显著降低特征空间维度并保留明显特征。该池化窗口大小为 2×2，步长为 2。此过程为

$$x_{i,j}^{(l)} = \max_{(m,n) \in \Omega(i,j)} x_{m,n}^{(l-1)} \tag{5.33}$$

式中，$\Omega(i,j)$ 表示池化窗口在前一层特征图中覆盖的位置集合；$x_{i,j}^{(l)}$ 是池化后输出特征图的第 i 和 j 个位置值。

整个 VGG16 网络中共包含五个该结构的卷积块，第一、二模块分别包含两层卷积，第三～五模块各包含三层卷积。卷积块的通道数逐渐增加：依次为 64、128、256、512。每经过依次最大池化，特征向量的空间尺寸减小一般，通道数增加，显著提升了表达能力。

经过五组卷积与池化后，最终特征图被拉平至一维向量，输入至全连接层。

全连接层由三个线性层组成，前两个线性层包含 4096 个神经元，最后一个输出分类得分，经过 Softmax 分类器转化为各类别的概率值输出结果。该过程具体为

$$h = \text{ReLU}(W_1 \cdot x + b_1)$$

$$\hat{y} = \text{Softmax}[W_3 \cdot \text{ReLU}(W_2 \cdot h + b_2) + b_3] \tag{5.34}$$

式中，x 是输入向量；W_1、W_2 和 W_3 是全连接层的权重矩阵；b_1、b_2 和 b_3 是各层的偏置项；h 是经过第一层全连接层输出值；$\hat{y}$ 为预测值。Softmax 函数的定义如下：

$$\text{Softmax}(o_i) = \frac{e^{o_i}}{\sum_{j=1}^{C} e^{o_j}} \tag{5.35}$$

在本节中，根据 30 次实验的统计结果，比较了各种分类方法的性能。在每次实验中，分别随机选择 18900 个样本作为训练集，12600 个样本作为测试集。

表 5.4 显示，KELM 的平均检测准确率（98.97%）优于 RF（98.37%）、ABT（95.49%）、GRBT（95.63%）、HiGRBT（98.56%）、ET（98.22%）、SVM（98.50%）和 NN（98.09%）。KELM 的准确率标准差（Std）（0.08%）低于 RF（0.12%）、ET（0.12%）、ABT（0.28%）、GRBT（0.31%）、HiGRBT（0.11%）、SVM（0.10%）和 NN（0.13%）。这表明，与这 7 种机器学习方法相比，KELM 表现出更稳定的检测结果。KELM 的训练时间不如 RF（1.95s）、ET（0.39s）、HiGRBT（3.85s）和 SVM（2.07s），但优于 ABT（4.86s）、GRBT（12.14s）和 NN（43.61s）。综合考虑检测准确率和训练时间，KELM 在 5 种集成方法（RF、ET、ABT、GRBT 和 HiGRBT）和两种传统机器学习方法（SVM 和 NN）中具有优势。

表 5.4 不同分类方法的离线性能

方法	训练时间/s	平均检测准确率(%)	准确率标准差(%)
KELM	4.44	98.97	0.08
RF	1.95	98.37	0.12
ABT	4.86	95.49	0.28
GRBT	12.14	95.63	0.31
HiGRBT	3.85	98.56	0.11
ET	0.39	98.22	0.12
SVM	2.07	98.50	0.10
NN	43.61	98.09	0.13
EHCNN	816	98.98	0.05
LOCALVIT	2843	97.25	0.16
RESNET18	3892	98.71	0.10
VGG16	8685	98.02	0.09

4 种深度学习方法能够基于深度网络结构挖掘电弧电流中的故障特征，但只有 EHCNN（98.98%）的平均检测准确率略高于 KELM（98.97%）。LOCALVIT（97.25%）、RESNET18（98.71%）和 VGG16（98.02%）的平均检测准确率低于 KELM。KELM 的训练时间远小于 EHCNN（816s）、LOCALVIT（2843s）、RESNET18（3892s）和 VGG16（8685s）。图 5.16 展示了 EHCNN 的损失曲线和准确率曲线。图 5.16a 与训练数据集相关，图 5.16b 与测试数据集相关。随着迭代训练的进行，测试集和训练集的损失值最初迅速下降，训练准确率和测试准确率也迅速上升。这是因为模型的初始性能较差，初期训练能够快速提升模型性能。随着迭代训练的继续，模型性能逐渐改善，测试集和训练集的损失值下降速度变慢，训练准确率和测试准确率的增长速度也有所减缓。当迭代次数达到 150 时，损失曲线和准确率曲线的变化趋于稳定。在 EHCNN 的训练过程中，由于模型参数基于梯度下降方法进行更新，因此损失曲线和准确率曲线出现波动，这使得模型性能的提升在每次训练中略显随机，无法保证每次训练的模型性能都优于上一轮训练。EHCNN、LOCALVIT、RESNET18 和 VGG16 具有复杂的网络结构，深度学习方法的训练过程非常耗时。此外，这四种深度学习方法的训练需要额外的 GPU 加速，因此训练这些深度学习模型的硬件成本也远高于 KELM。KELM 的准确率的 Std

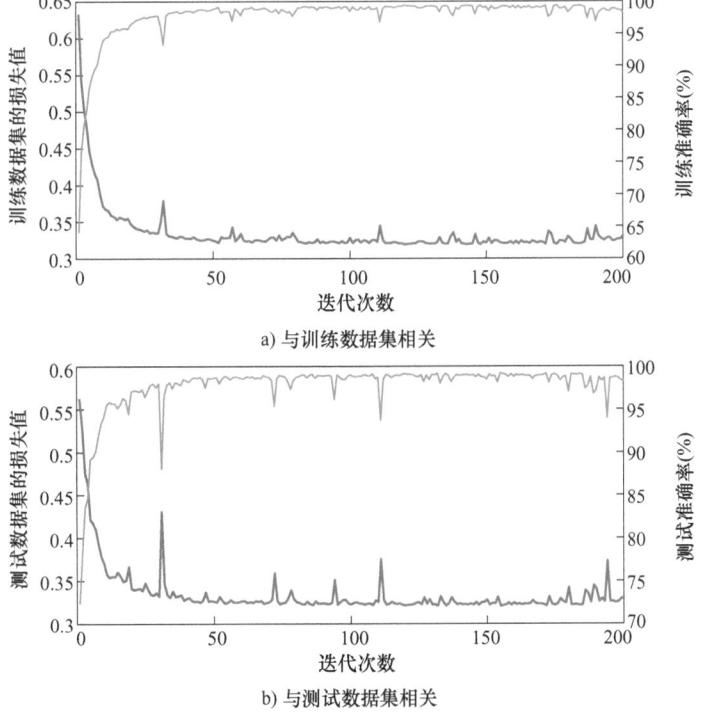

图 5.16　EHCNN 的损失曲线和准确率曲线

为 0.08%，仅高于 EHCNN，低于其他 9 种方法。从各种训练集和测试集得出的实验结果表明，KELM 在鲁棒性、稳定性和可扩展性方面在 12 种分类方法中具有竞争力。因此，在 12 种分类方法中，KELM 的检测性能非常具有竞争力。

5.7.4 在线实验结果分析

所提方法已在 MCU 中实现，用于在线电弧故障检测，以进一步验证检测速度。本章展示了在不同场景下检测标志的波形。

在逆变器、DC-DC 转换器和电阻器负载下的检测准确率分别为 96.66%（58/60）、98.33%（59/60）和 100%（60/60）。图 5.17 展示了不同负载类型下的在线检测结果。例如，在图 5.17a 中，在电弧故障发生后 310ms，MCU 输出的检测标志发生了跃变，表明系统中发生了电弧故障。在线实验中的最大检测时间小于 400ms，符合 UL1699B 标准中检测时间应小于 2.5s 的要求[133]。

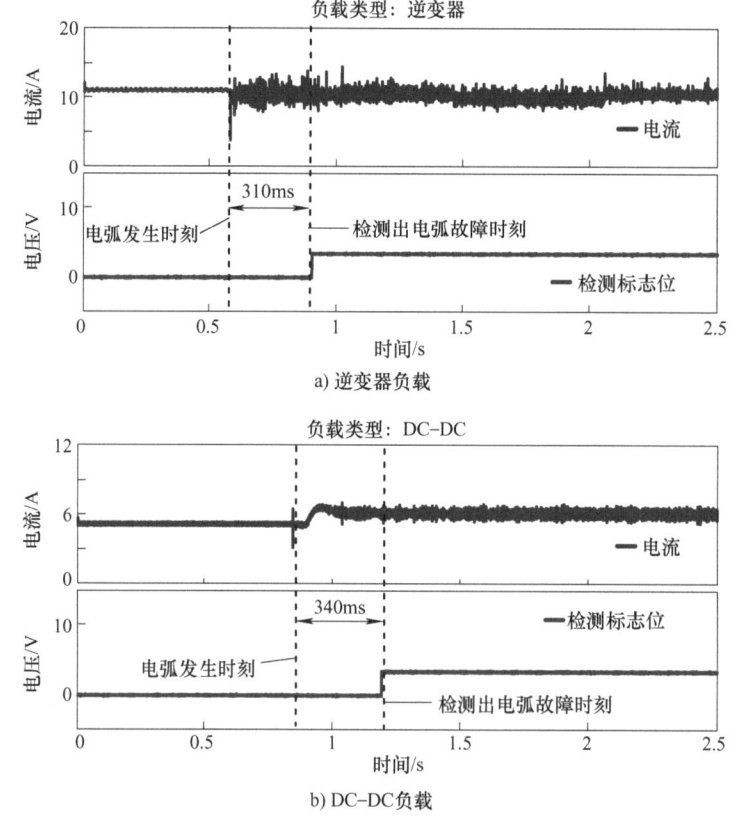

图 5.17 不同负载类型下的在线检测结果

第 5 章 适应多种工作环境的直流串联电弧故障检测方法

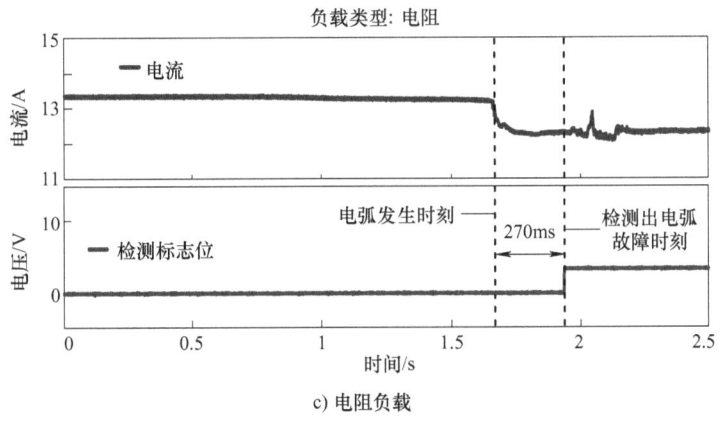

c) 电阻负载

图 5.17 不同负载类型下的在线检测结果（续）

本章还验证了所提方法是否能够有效避免在未知瞬态条件下的误报，如图 5.18 所示。未知瞬态条件包括逆变器的最大功率点跟踪（MPPT）操作、DC-DC 转换器的电压波动和电阻负载的电压波动。对于所提的电弧故障检测方法，波动的幅度和方向是未知的。需要注意的是，本章中使用的光伏模拟源能够模拟实际光伏电池的 U-I 特性。图 5.19 展示了光伏模拟源的操作界面。该光伏模拟源型号为 YXMG-PVG05，容量为 5kW，最大输出电压为 500V。在低电压范围内，光伏电池近似为恒流源。一旦电压超过某个值，光伏电池的 U-I 特性便转为非线性，即电压升高时电流迅速下降。逆变器可以调节光伏电池的输出电压，使其输出最大功率，这一过程称为 MPPT。通过旋转调节旋钮，图 5.19 所示的开路电压和短路电流可以方便地进行修改，以模拟实际光照强度变化对光伏电池 U-I 特性的影响。因此，光伏电池的最大功率点将随 U-I 特性的变化而改变，逆变器将追踪新

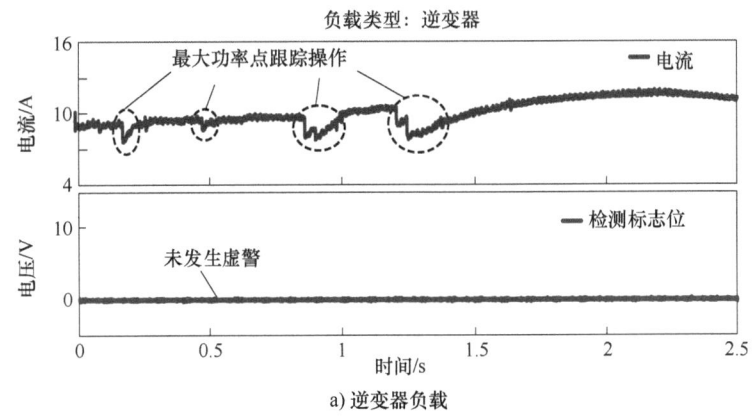

a) 逆变器负载

图 5.18 瞬态条件下的在线检测结果

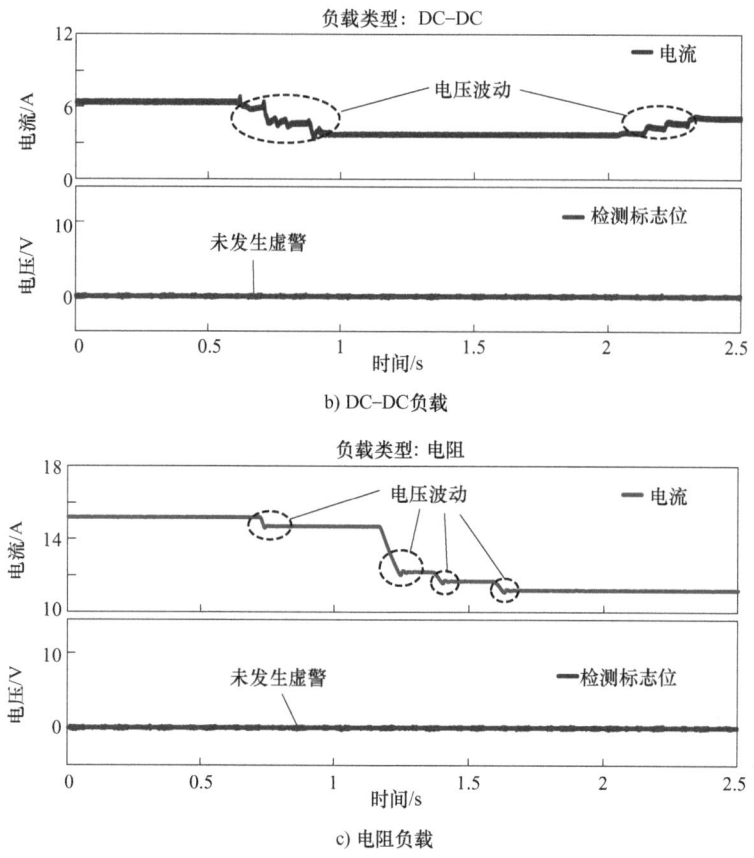

b) DC-DC负载

c) 电阻负载

图 5.18 瞬态条件下的在线检测结果（续）

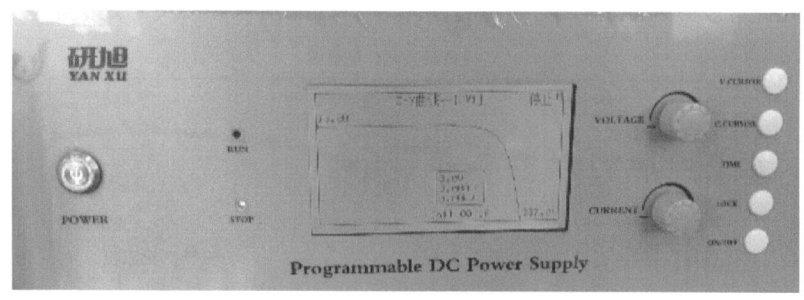

图 5.19 光伏模拟源的操作界面

的最大功率点，从而导致线路电流的波动。在图 5.18a 中，虚线圈出的区域表示由于光照强度变化，光伏电池的 $U\text{-}I$ 特性变化的仿真，这一变化表现为电流信号的显著波动，但检测标志在相应时刻并没有发生变化。因此，光照强度的变化不会触发误报。在不同负载类型下，分别生成了 40 个未知瞬态条件，且未发生误判，这验证了所提检测方法的鲁棒性。

由于 MCU 是一个低功耗嵌入式处理器,其计算性能远低于 PC 桌面级处理器,因此在线实验中的算法执行时间高于离线实验中的执行时间。未来,本章将考虑使用高性能嵌入式处理器和并行计算方法,以进一步提升在线检测速度。

5.8 本章小结

在本章中,针对光伏系统中包含电力电子设备的电弧故障,提出了一种基于 TFMPTF 的检测方法。通过 VMD 将电弧电流分解为多个模式,并基于 TFMPTF 将这些模式转换为二维矩阵。然后,从这些矩阵中提取的奇异值被输入到 KELM 中以获得检测结果。

本章的关键贡献是提出了 TFMPTF 方法。TFMPTF 是一种用于分析时间序列状态转换特征的新型方法。通过分析高维空间中排列模式状态的转换特征,TFMPTF 能够充分挖掘相邻数据之间的依赖关系,比传统的 MTF 方法更加全面地描述数据的动态特性。TFMPTF 还可以分析不同时间点上频域能量分布状态的转换特征,克服了 MTF 忽略频域中重要故障信息的局限性。

本章建立了一个能够模拟光伏系统实际工作环境的实验平台,并在此基础上对电弧故障检测方法进行了研究。离线实验结果和在线实验结果表明,TFMPTF 在性能上显著优于传统的 MTF 方法。光伏系统中存在电力电子设备干扰的工作条件下,本章将所提出的方法与不同的特征提取方法和分类方法进行了比较,比较结果验证了所提出方法的适应性和先进性。此外,在线实验表明,所提出的电弧故障检测方法的检测结果稳定,检测时间低于 400ms,这表明所提出方法的实时性能能够满足 UL1699B 标准的要求,并且该方法对于实际光伏系统是可行的。

第6章 网络级直流串联电弧故障检测方法

6.1 引言

当前大多电弧故障检测方法的研究只针对单一支路,但从电力电子化直流配电系统的角度而言,发生电弧故障时电弧噪声在网络中的传播将会对正常支路造成影响,此时只针对单支路的电弧故障检测方法易发生误判。本章为了解决网络级电弧故障检测问题,在第 3 章特征分析的基础上,提出了一种基于多尺度特征以及 RF 的串联电弧故障检测方法,如图 6.1 所示。首先预处理所采集不同支路的电流信号数据并进行多尺度分析。然后提取信号的时域特征、频域特征以及奇异值特征。接着基于随机森林方法分析特征重要性并依据重要度分析结果选择合适的特征组合。其次基于训练集训练 RF 分类器。最后基于训练后的 RF 实现配电网电弧故障检测。本章的贡献主要包含以下几个方面:

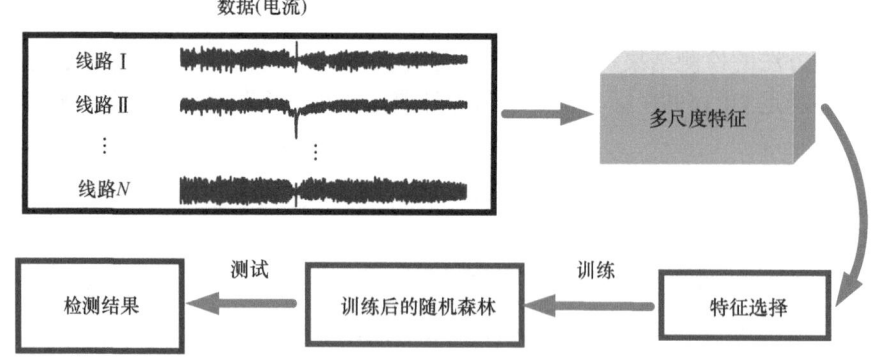

图 6.1 一种基于多尺度特征以及 RF 的串联电弧故障检测方法

1)基于在所搭建实验平台中采集的不同故障状态下的实验数据,分析了配电网中电弧故障的特点及其与传统单支路电弧故障的差异,证明了从网络级的角度实现电弧故障检测的必要性。

2)基于不同的尺度提取故障特征,增加了特征的多样性。同时利用 RF 算法

第 6 章 网络级直流串联电弧故障检测方法

实现了特征选择与融合。从而使不同类型特征中故障信息实现优势互补,并能消除高维特征向量中的冗余信息。从而有利于提升检测准确度以及减小分类器的负担。

3) 不仅基于离线实验将所提算法与不同方法进行了性能对比,验证了所提算法的性能。而且进一步将算法嵌入微机中实现在线电弧故障检测,结果证明了本章所提方法的实时性(检测速度)满足标准的要求。

6.2 实验平台的搭建与数据分析

6.2.1 实验平台

为分析配电网中 SAF 的特性以及研究相应的检测方法,本章以包含三条线路的直流配电网为例开展研究,所搭建的实验平台框图和实际效果如图 6.2 和图 6.3 所示。其中所使用的电弧发生器的设计满足 UL1699B 的规定。此平台用以模拟包含三支路的直流配电系统,线路 I、线路 II 和线路 III 为三条支路,线路 IV 为主线路。此系统中直流源 Chroma 62150H-450 的最高输出电压为 450V,不仅能够模拟电力电子化直流配电环境,而且众多实际系统的电压等级包含于这一范围,如舰船[139]、电动汽车[140]、火车[141]、住宅微电网[142]、通信系统[143]。线路 I 和线路 II 连接的为非线性负载(商业 DC-DC),线路 II 连接的为线性负载(电阻,电感和电容)。将电弧发生装置分别接入不同线路中的故障点处(A、B、C 和 D),可模拟直流配电网中不同位置的电弧故障。此系统利用三个霍尔电流传感

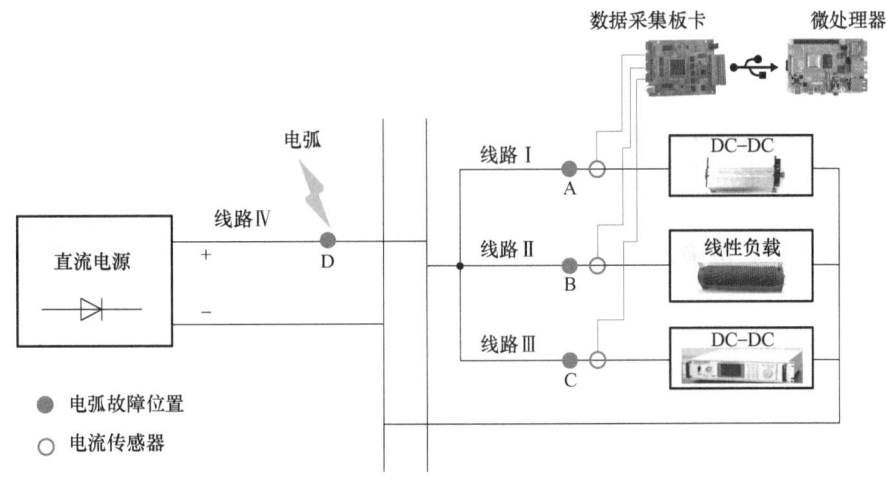

图 6.2 实验平台框图

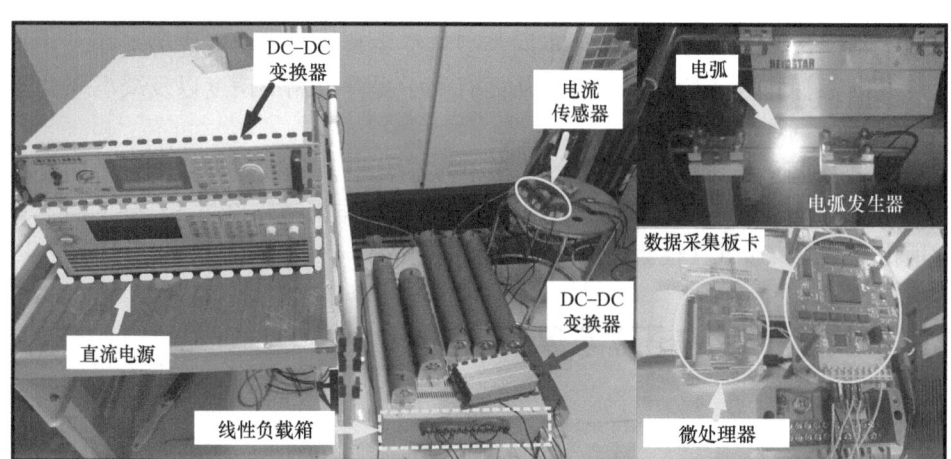

图 6.3 实验平台实际效果图

器实时采集三条支路的电流,并通过 DAQ 板卡将电流信号传输至微控制器中进行保存或在线处理。其中,微控制器基于 ARM Cortex CUP,编程环境为 Python 3.7。

线路Ⅰ和线路Ⅲ连接的为非线性负载(商业 DC-DC 变换器),线路Ⅱ连接的为线性负载(电阻,电感和电容)。电弧发生器的设计参照了 UL1699B,其阴极和阳极分别为碳棒和铜棒。电弧发生器产生电弧的过程可以描述为:①电弧发生器两端闭合且有电流流过;②利用步进电动机驱动阳极使两极以一定的速度缓慢分离;③当电弧发生器两极分离至一定距离,则会产生强光、高温以及噪声等现象的电弧故障。电弧发生器能被连接至 A、B、C 以及 D 这四个故障点之一,以在系统的不同支路中注入电弧故障。

6.2.2 配电网中电弧噪声的传播规律

图 6.4 所示为电源 110V 供电情况下配电网中不同位置发生电弧故障时线路Ⅰ、线路Ⅱ、线路Ⅲ和主线路Ⅳ的电流波形。

case 1 为正常工作状态,相比于接入线性负载的线路Ⅱ,接入非线性负载的线路Ⅰ和线路Ⅲ的电流信号含有更明显的噪声。case 3 和 case 5 为线路Ⅰ和线路Ⅲ发生电弧故障,case 4 为线路Ⅱ发生电弧故障。case 2 为主线路Ⅳ发生电弧故障。

当主线路Ⅳ发生电弧故障(case 2),由于主线路故障点处的电弧会分得一部分电压,而且电弧阻抗具有随机波动的特点。从而导致后端支路负载分得的电压随之随机波动,即造成三条支路电流信号也包含丰富的高频噪声。

当接入非线性负载的线路发生电弧故障(case 3 和 case 5),未发生电弧故障的线路的电流信号也包含丰富的随机噪声。本章所采用的两种商业 DC-DC 负载

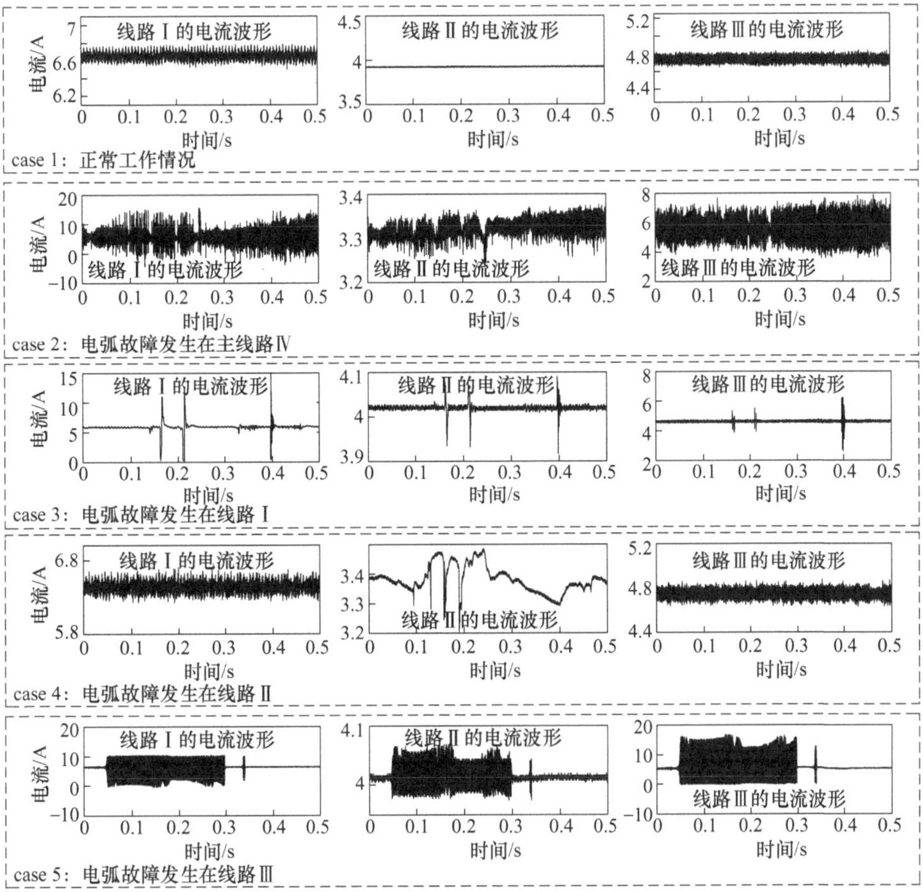

图 6.4 不同线路发生电弧故障时线路Ⅰ、线路Ⅱ、线路Ⅲ和主线路Ⅳ的电流波形

为恒功率输出,当其所在线路发生电弧故障的瞬间,DC-DC 端电压会被电弧故障分走一部分,导致 DC-DC 输入功率减小。此时,DC-DC 内部功率控制模块的调节机制会使其输入端电流增大,从而使输入功率和输出功率保持平衡。而且电弧是一种不稳定的击穿空气放电现象,其两端的电压具有很强的随机波动性。在稳定燃弧阶段,电弧与 DC-DC 串联在同一支路,因此 DC-DC 输入端电压也在随机波动。这种情况下,DC-DC 的功率调节机制易造成支路电压以及电流的波动。而当发生电弧故障线路(线路Ⅰ和线路Ⅲ)的端电压波动时,未发生电弧故障的端电压也随之波动。因此可得出结论:接入非线性负载的线路(线路Ⅰ和线路Ⅲ)发生电弧故障会对正常线路造成影响。

当接入线性负载的线路发生电弧故障(case 4),其线路两端的电压未发生明显波动,因此未发生 SAF 的线路的电流也不会产生剧烈随机波动现象。

由以上分析可知,接入线性负载的支路发生 SAF 时,对其他支路的影响较小。

主回路和连接 DC-DC 负载的支路发生 SAF 时，会对正常线路造成较强的干扰。因此，在配电网中，传统基于单一支路电流信号分析的 SAF 检测方法易对未发生电弧故障的支路产生误判。为提升配电网中 SAF 的检测准确度并避免虚警，有必要综合分析不同支路电流信号中的信息。

为进一步研究配电网中直流串联电弧故障检测方法，本章基于所搭建的实验平台共采集 12000 组样本构造样本集。每个样本包含 3 个电流信号片段（chip），每个 chip 包含 1024 个数据点（持续时间为 25.6ms），$chip_k = \{u_i, i=1,2,\cdots,1024\}$，$k=$ Ⅰ, Ⅱ, Ⅲ。k 代表线路的编号，例如 $chip_Ⅰ$ 代表线路 Ⅰ 的电流 chip。数据集的详细信息见表 6.1。

表 6.1 数据集的详细信息

状态	电压/V	电流/A	标志位	样本数
正常工作情况	40~120	5~23	1	2000
电弧故障发生在主线路Ⅳ			2	2000
电弧故障发生在线路Ⅰ			3	2000
电弧故障发生在线路Ⅱ			4	2000
电弧故障发生在线路Ⅲ			5	2000

6.3 多支路电流信号多尺度高维特征提取方法

6.3.1 多尺度分析算法

为了避免信号量纲对检测造成的影响，本章首先对采集的三条支路的原始电流信号进行预处理：减去其平均值后，仅分析电弧在信号中引入的随机波动信息。然后利用多尺度分析方法得到电流信号不同尺度下的粗糙度序列。多尺度分析能够从不同时间尺度下表现信号的复杂度[144]，相比于单一尺度，在不同尺度下进行特征提取能够挖掘更有价值的信息，从而有利于提高后续分类的准确度[145]。多时间尺度分析的方法已经成功应用于故障检测领域[146-147]。由 6.2 节的内容可知，本章采集的每个样本包含 3 个 $chip_k$，k 代表了所在支路的编号，$k=1,2,3$。$chip_k = \{u_i, i=1,2,\cdots,1024\}$，其不同尺度下的 chip 可表示为

$$chip_k^\tau(j) = \frac{1}{\tau} \sum_{i=(j-1)\tau+1}^{j\tau} u_i \quad 1 \leqslant j \leqslant N/\tau \tag{6.1}$$

式中，$N=1024$ 为电流信号原始长度；$\tau=1,2,\cdots$ 为时间尺度；$chip_k^\tau$ 为线路 k（$k=$ Ⅰ，

Ⅱ,Ⅲ)电流信号在尺度 τ 的粗粒化序列。

当 $\tau=1$ 时，chip_k^1 即代表支路 k 的原始电流信号。随着时间尺度的增加，信号长度逐渐缩短，信号会丢失统计意义上的稳定性[145]。而且时间尺度的增加会提升后续分析时间序列的个数，增加计算复杂度。因此，考虑到电弧故障检测准确度与计算效率，本章采用的多尺度分析的最大时间尺度为 3。在每个样本中，利用多尺度分析可得到 9 个粗粒化序列 (chip_k^τ)。chip_k^1，chip_k^2 和 chip_k^3 的长度分别为 1024、512 和 341。

6.3.2 高维特征向量提取

直流配电网中不同位置发生电弧故障时都会在不同支路的电流信号中引入随机波动与高频噪声。相比于正常情况，受电弧噪声干扰的支路电流时域波动特性与频域能量分布都会发生变化。因此，本章首先通过提取不同尺度下电流信号的时域特征、频域特征以及奇异值构造特征向量，实现电弧故障检测。

1. 时域特征

时域特征用来分析不同尺度下电流信号时域波形的统计特性。每个 chip 的时域特征为 7 维，包含标准差、偏度、峭度、波形因子、峰值因子、脉冲因子以及裕度因子，这些时域特征已在故障检测领域得到了广泛的应用[148-149]。本书第 3 章已详尽地给出了相应的定义并分析了其特性。

2. 频域特征

本章所提取的频域特征为多个频域段的能量和，用以度量电流信号的频域能量分布在正常和电弧故障情况下的差异。本书在第 3 章的基础上，对频带能量进行更精细地划分并提取子频带段的能量和，从而避免不同频带能量之间的相互干扰。

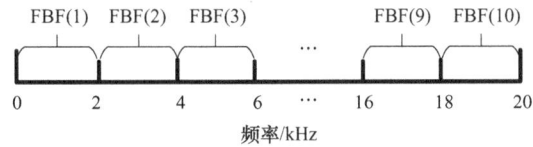

图 6.5　chip_k^1 频谱分布的划分方法

本节以 chip_k^1 为例说明如何提取不同 FBF 的频域特征。chip_k^1 包含 1024 个数据点，基于离散傅里叶变换，chip_k^1 的频域方程可表示为

$$XF(k) = \frac{1}{1024}\sum_{n=1}^{1024}\text{chip}_k^1(n)\text{e}^{-\text{j}\frac{2\pi}{1024}kn} \quad (6.2)$$

式中，$k=1,2,\cdots,1024$；$XF(k)$为复数的形式。

根据 Nyquist 定理，FFT 能分析到的最大频率成分为原始信号采样率的二分之一。因此，式（6.2）中$XF(k)$可用的范围为$1 \leqslant k \leqslant 512$，其中包含 512 个数据点。不同 $FBF(i)$ 的谐波能量和（sum of harmonic energy，SHE）可表示为

$$SHE(i) = \sum |XF(k)|, 1 \leqslant i \leqslant 10$$

$$[(i-1) \times 2\text{kHz}] \leqslant \left(\frac{k}{512} \times 20\text{kHz}\right) \leqslant (i \times 2\text{kHz}) \quad (6.3)$$

3. 奇异值

本节改进型奇异值分解算法提取chip_k^r中的奇异值，一维时间序列在提取相应奇异值前首先要转化为二维矩阵 M。

$$M = \begin{pmatrix} u_1 & u_2 & \cdots & u_{m-1} & u_m \\ u_{m+1} & u_{m+2} & & u_{2m-1} & u_{2m} \\ & \vdots & \ddots & \vdots & \\ u_{(n-2)m+1} & u_{(n-2)m+2} & \cdots & u_{(n-1)m-1} & u_{(n-1)m} \\ u_{(n-1)m+1} & u_{(n-1)m+2} & & u_{nm-1} & u_{nm} \end{pmatrix} \quad (6.4)$$

chip_k^1、chip_k^2 和 chip_k^3 所包含的数据点个数分别为 1024、512 和 341。因此，chip_k^1，chip_k^2 和 chip_k^3 所对应的矩阵 M 的大小分别为 32×32，23×22 和 19×18。根据奇异值的定义[150]，一个矩阵所含有奇异值的个数等于其秩的个数。chip_k^1、chip_k^2 和 chip_k^3 所对应的矩阵 M 的秩的个数分别为 32、22 和 18。因此，由 chip_k^1、chip_k^2 和 chip_k^3 分别可得到 32、22 和 18 个奇异值。

6.3.3 构造多支路电流信号的高维特征向量

由以上分析可知，对于 1 个包含 3 条支路电流信号的样本，经过预处理、多尺度分析以及特征提取后可得到 369 维的特征向量。为了便于理解与阅读，表 6.2 给出了 369 种特征的编号。例如 $x_{173} \sim x_{182}$ 分别为基于第 2 尺度得到的支路Ⅱ电流信号的标准差、偏度、峭度、波形因子、峰值因子、脉冲因子以及裕度因子。$x_{190} \sim x_{211}$ 分别为基于第 2 尺度得到的支路Ⅱ电流信号的奇异值 $SV_1 \sim SV_{22}$。

第6章 网络级直流串联电弧故障检测方法

表 6.2 369 维特征对应的编号

尺度	线路	编号		
		时域特征	频域特征	奇异值
1	I	$x_1 \sim x_{10}$	$x_{11} \sim x_{17}$	$x_{18} \sim x_{49}(\mathrm{sv}_1 \sim \mathrm{sv}_{32})$
	II	$x_{124} \sim x_{133}$	$x_{134} \sim x_{140}$	$x_{141} \sim x_{172}(\mathrm{sv}_1 \sim \mathrm{sv}_{32})$
	III	$x_{247} \sim x_{256}$	$x_{257} \sim x_{263}$	$x_{264} \sim x_{295}(\mathrm{sv}_1 \sim \mathrm{sv}_{32})$
2	I	$x_{50} \sim x_{59}$	$x_{60} \sim x_{66}$	$x_{67} \sim x_{88}(\mathrm{sv}_1 \sim \mathrm{sv}_{22})$
	II	$x_{173} \sim x_{182}$	$x_{183} \sim x_{189}$	$x_{190} \sim x_{211}(\mathrm{sv}_1 \sim \mathrm{sv}_{22})$
	III	$x_{296} \sim x_{305}$	$x_{306} \sim x_{312}$	$x_{313} \sim x_{334}(\mathrm{sv}_1 \sim \mathrm{sv}_{22})$
3	I	$x_{89} \sim x_{98}$	$x_{99} \sim x_{105}$	$x_{106} \sim x_{123}(\mathrm{sv}_1 \sim \mathrm{sv}_{18})$
	II	$x_{212} \sim x_{221}$	$x_{222} \sim x_{228}$	$x_{229} \sim x_{246}(\mathrm{sv}_1 \sim \mathrm{sv}_{18})$
	III	$x_{335} \sim x_{344}$	$x_{345} \sim x_{351}$	$x_{352} \sim x_{369}(\mathrm{sv}_1 \sim \mathrm{sv}_{18})$

本章在单支路特征分析的基础上，进一步分析多支路高维特征向量在电弧故障发生在不同位置时的分布差异。图 6.6 给出了部分特征空间分布图。其中以 6 种具有代表性的特征为例，显示了不同特征的分布差异。6 种特征分别为原始信号所对应的标准差、脉冲因子、FBF（1）的谐波能量和、FBF（9）的谐波能量和、sv_1 以及 sv_{21}。由图可知，在网络中发生电弧故障情况下，特征的分布相比于正常情况更分散。这是由于电弧是一种不稳定的物理现象，这就导致了电弧故障状态下不同时刻所提取的特征由于电弧的随机性其相互之间有较大的差异。

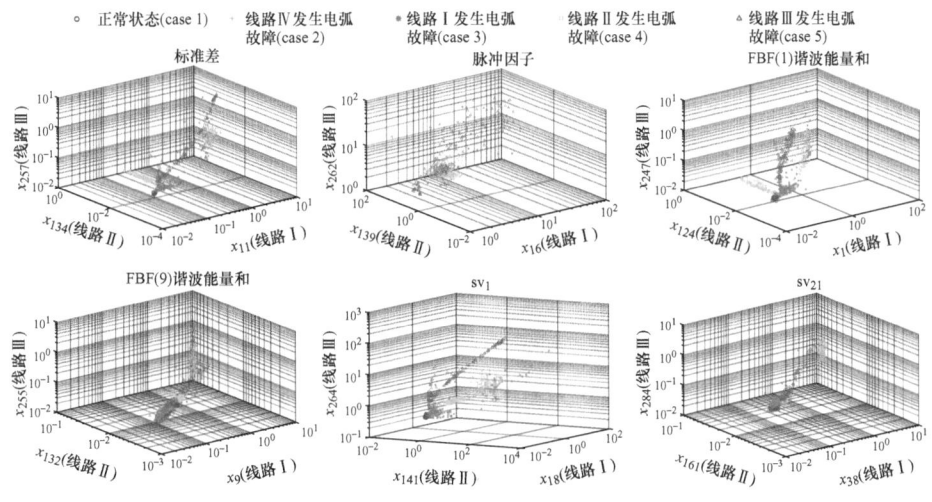

图 6.6 不同支路原始信号在不同状态下的 6 种特征分布图（见彩插）

直观上而言，标准差、FBF（1）的谐波能量和 sv_1 在不同状态下区分度更明显。脉冲因子、FBF（9）的谐波能量和以及 sv_{21} 在不同状态所对应特征的分布混叠现象更严重，区分度差。由图 6.6 可知，不同的特征对不同状态的区分度也有所差异。例如 x_{11}、x_{134} 和 x_{257}（3 条支路电流信号的标准差）在线路 I 发生电弧故障和线路 IV 发生电弧故障情况下在分布空间上会存在交叠，在线路 II 发生电弧故障和线路 III 发生电弧故障情况下区分明显。而 x_{38}、x_{161} 和 x_{284}（3 条支路电流信号的 sv_{21}），在线路 II 发生电弧故障和线路 III 发生电弧故障情况下在分布空间上会存在交叠，在线路 I 发生电弧故障和线路 IV 发生电弧故障情况下区分明显。若在检测过程充分融合不同的特征对不同状态的区分度的差异信息，则能够提升检测准确度。而且由图 6.6 可观察到，不同故障类型情况下，x_9、x_{132} 和 x_{255}（3 条支路电流信号的 FBF（9）的谐波能量）空间分布交叠现象最严重，若 FBF（9）的谐波能量这类特征参与到检测过程，将可能会对检测带来冗余信息并造成负面影响。

由以上分析可知，对于初步提取的 369 维特征向量，不仅需要融合不同特征的关键故障信息，还需选择合适的特征组合以剔除特征向量中的冗余信息。由此，一方面能够提升 SAF 检测准确度，另一方面可压缩特征向量的维度，减小后续输入分类器的数据量，从而降低总体的计算复杂度。

6.4 随机森林基本原理

6.4.1 基于随机森林的分类方法

RF 是一种内部包含多棵独立决策树的集成学习方法，已广泛应用于故障检测领域，如齿轮故障检测[151]、航空发动机故障检测[152]、氢气传感器故障检测[153]、风力涡轮机故障检测[154]以及旋转机械故障检测[155]等。得益于 Benefiting 采样方法以及分裂过程中特征的随机抽取方法，RF 中不同决策树间的相关性低且能够获得较高的预测准确度[156]。相比于传统的机器学习方法，如人工神经网络、SVM 以及 ELM 等，RF 拥有更优越的鲁棒性以及泛化能力。因此，本章节采用 RF 作为分类器实现网络级直流串联电弧故障检测。

假定由训练数据提取的特征与标签构成的数据集为 (x_i, y_i)，$i = 1, 2, \cdots, C$。C 为样本个数。x_i 的维数为 d 且 y_i 为 x_i 对应的标签。图 6.7 给出了 RF 训练过程的示意图。

1）利用 bootstrap 采样方法从训练集中抽取 z 个子集（z 等于 RF 中决策树的个数）。

2）每个子集分别用以训练对应的决策树。在训练过程中，每个节点分裂选用的特征都是在特征向量中随机抽取所得,且基于基尼系数(gini index,GI)选择最佳的分裂所用特征。期间决策树最大限度地生长且不采取剪枝的策略。

3)集成 z 棵决策树从而构成 RF。RF 的测试过程如图 6.8 所示。当测试数据

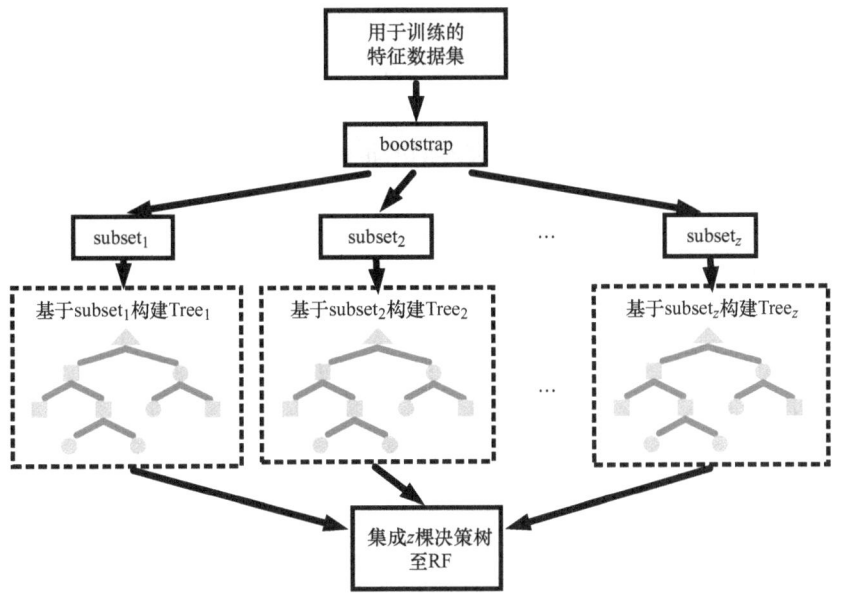

图 6.7　RF 训练过程示意图

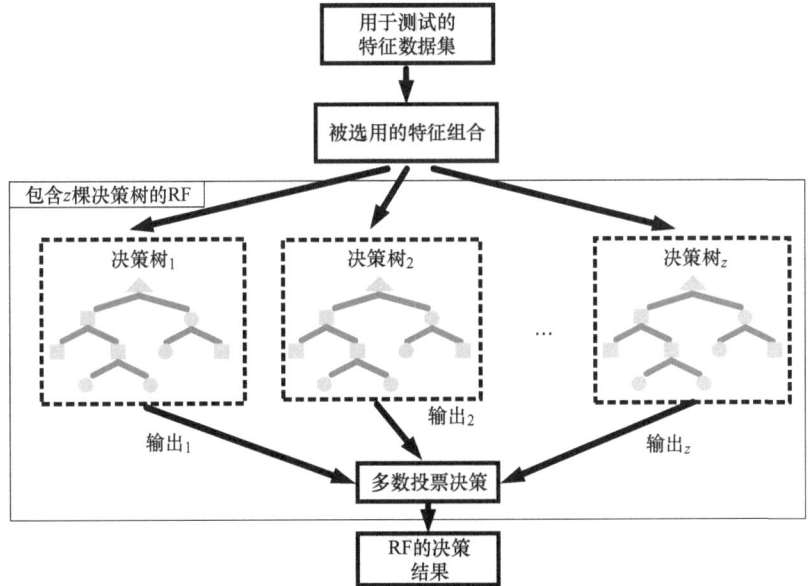

图 6.8　RF 测试过程示意图

集中的某个样本(本章节该样本为由时域特征、频域特征以及奇异值构成的特征向量)输入至构建好的 RF 中,每个决策树同时处理此样本并得出相应的决策结果。然后 RF 的最终决策结果通过所有决策树结果的多数投票决定。也就是说,获得票数最多的类别为 RF 的最终决策结果。

6.4.2 基于随机森林的特征重要性分析方法

不同的特征对最终检测结果具有不同的贡献度。特征重要性分析以及特征选择对于提升检测算法的性能至关重要[157]。RF 训练过程中产生的特征重要性值可作为用来实现特征选择的依据[158]。相比于 T-score、fisher 得分以及互信息数等方法,基于 RF 的特征重要性分析方法能更有效地刻画高维特征中内在的非线性关系[158]。而且基于 RF 得到的特征重要性分析结果具有更强的抗噪性以及稳定性[159]。在决策树训练过程中,每个特征对应的 GI 适合于评估特征的重要性。节点 r 的 GI 可表示为

$$\mathrm{GI}_r = 1 - \sum_{e=1}^{E} p_{er}^2 \qquad (6.5)$$

式中,E 代表系统工作状态,本章包含 3 条支路的配电系统的工作状态包括正常状态以及 4 种电弧故障状态,因此 $E=5$;p_{er} 为状态 e 在节点 r 所占的概率。

基于所选择的特征 w,可获得分裂后两个新节点所对应的 GI。然后,可得到分裂节点 r 前后 GI 的变化量 $\Delta \mathrm{GI}_{wr}$:

$$\Delta \mathrm{GI}_{wr} = \mathrm{GI}_r - \mathrm{GI}_{r1} - \mathrm{GI}_{r2} \qquad (6.6)$$

式中,GI_{r1} 和 GI_{r2} 分别为分裂后两个新节点对应的 GI;$\Delta \mathrm{GI}_{wr}$ 为 GI 的变化变量,能够用来表征特征 w 的重要性。当特征 w 对应的 $\Delta \mathrm{GI}_{wr}$ 越大,则表明在分裂过程中发挥的作用越大。

特征 w 在决策树 z 中的重要性可表示为

$$\mathrm{VIM}_{tw} = \sum_{r \in R} \Delta \mathrm{GI}_{wr} \qquad (6.7)$$

式中,R 为决策树 t 节点的个数。

假定 RF 由 T 棵决策树构成,则特征 w 的重要性得分可表示为

$$\mathrm{VIM}_w = \sum_{t=1}^{T} \mathrm{VIM}_{tw} \qquad (6.8)$$

对所有特征的重要性得分归一化

第6章 网络级直流串联电弧故障检测方法

$$\text{VIM}_w^G = \frac{\text{VIM}_w}{\sum_{w=1}^{W^*} \text{VIM}_w} \tag{6.9}$$

本章中特征向量的维度为 369，因此本章特征数 W^* 等于 369。VIM_w^G 的值越大，则表明特征 w 的重要性越强。在下一节，首先利用 RF 计算不同特征的重要性，然后选择最优的特征组合以构建用来实现最终决策的特征向量，最后基于训练的 RF 输出电弧故障的检测结果。

6.5 基于离线实验的网络级电弧故障检测算法性能分析

为了实现直流配电网电弧故障检测算法性能，本章每次实验随机选取 60%的样本作训练集，剩余 40%的样本作为测试数据集。为了使运算结果可观、公正，每种算法各执行 30 次独立运算。RF 中决策树的个数是关键参数，过小的值易造成欠拟合，过大的值在增大计算开销的同时无法有效提升分类准确度。经验证，本章选取决策树个数为 35，以在分类准确度与计算成本之间保持平衡。

6.5.1 特征选择方法

图 6.9 给出了基于 RF 对所提取的 369 维特性进行特征重要性分析的结果。由图可知，不同特征的重要性存在较大差异。重要性最高的特征 VIM_w^G 超过了 0.03，而有些特征的 VIM_w^G 值低于 0.0002。因此有必要选择合适的特征组合以剔除特征向量中的冗余信息以提升检测性能。

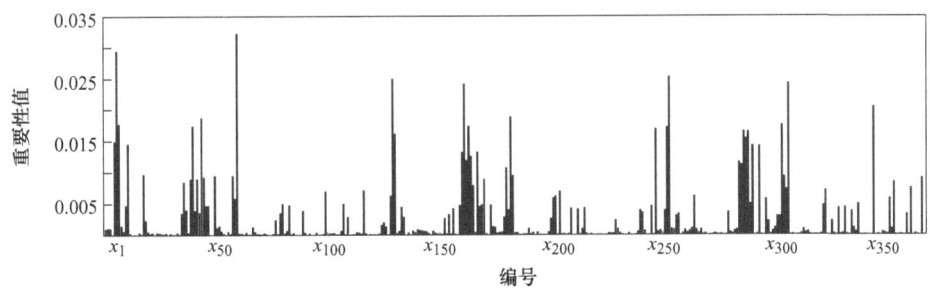

图 6.9 不同特征的重要性值

基于特征重要性分析的结果，图 6.10 给出了不同维数的特征情况下 RF 分类器的验证准确度以及训练时间。需要强调的是，这里所采用的特征根据 369 维特征重要性结果进行了重新排序（例如，当特征维数为 50 时，特征向量由原始 369

维特征中重要性排名前 50 的特征构成），且采用 5 折交叉验证法验证检测算法的准确度。随着特征维数的增加，验证准确度呈现先增大后减小的趋势，当特征的维数为 106 时取得测试准确度的最大值 99.46%。结果表明，较小的维数会造成故障信息的丢失。较多的维数会引入冗余信息并对检测造成干扰，而且维数的增多会增加 RF 的复杂度从而导致训练时间（计算成本）的提升。因此通过特征选择确定合适的维数，可充分利用高维特征向量中的关键故障信息，同时能够剔除冗余信息以避免其对检测造成的负面影响。根据以上分析，本节选取最佳特征维数为 106（此特征向量由原始 369 维特征中重要性排名前 106 的特征构成）。

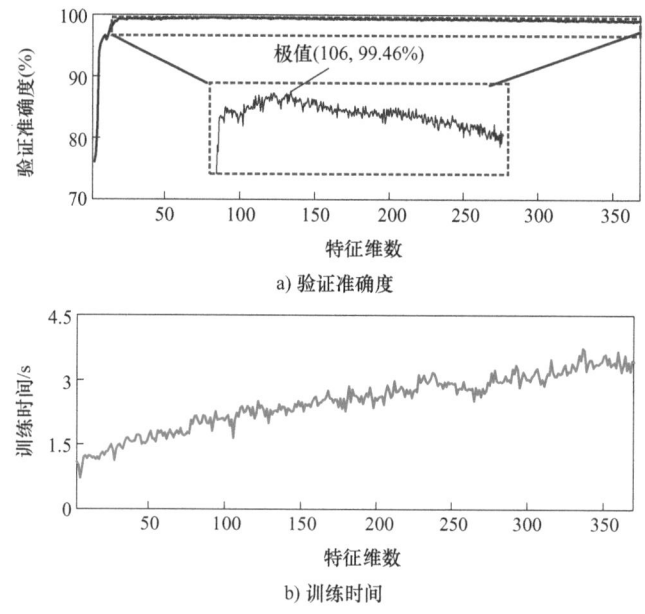

图 6.10 具有不同维数的特征所对应的验证准确度以及训练时间

表 6.3 给出了重要性排名前 106 的特征所对应的编号，图 6.11 给出了重要性排名前 106 的特征的统计信息。在重要性排名前 106 的特征中，奇异值、频域特征以及时域特征所占比例分别为 60.38%、32.08% 和 7.54%，表明奇异值相比于时域特征和频域特征对检测结果贡献度更大。尺度 1、尺度 2 和尺度 3 所对应的特征占重要性排名前 106 的特征的比例分别为 51.89%、30.19% 和 17.92%，表明尺度 1 所对应的特征对检测结果做出的贡献相比于尺度 2 和尺度 3 更大。尽管不同特征对最终检测结果的贡献度不同，但不同类型的特征为最终的决策提供了不同的视角且特征的多样性在融合过程中能够为检测结果提供的差异性信息有利于提升故障检测的准确度。

第 6 章 网络级直流串联电弧故障检测方法

表 6.3 重要性排名前 106 的特征所对应的编号

排列形式	x_i 对应的编号 i(369 维特征对应的编号)
按重要性的降序排列	60, 6, 253, 129, 306, 161, 345, 182, 44, 7, 303, 40, 163, 252, 247, 286, 288, 130, 287, 5, 11, 290, 293, 160, 167, 164, 162, 284, 285, 180, 18, 50, 58, 183, 304, 45, 367, 42, 39, 170, 36, 354, 165, 362, 305, 116, 323, 204, 99, 128, 264, 202, 201, 352, 59, 296, 80, 107, 338, 289, 169, 83, 173, 10, 322, 47, 159, 46, 245, 168, 332, 133, 329, 215, 209, 156, 212, 181, 37, 251, 240, 89, 41, 335, 279, 43, 241, 79, 35, 257, 360, 154, 256, 301, 302, 109, 134, 179, 152, 200, 77, 229, 326, 19, 297, 125

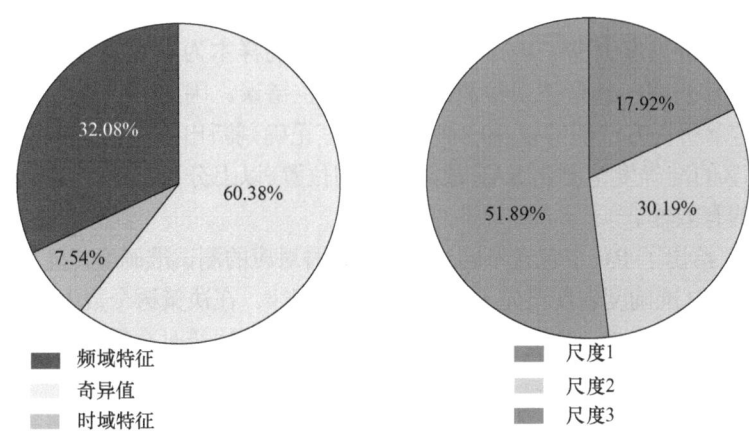

图 6.11 重要性排名前 106 的特征的统计信息

6.5.2 基于多尺度特征与 RF 的直流电弧故障检测方法的检测结果

图 6.12 给出了本章所提方法的检测结果的混淆矩阵,总体检测准确度为 98.23%。纵轴为实际的状态标签,横轴为检测后得到的状态标签。例如,本章所提方法以 0.99% 的概率将标签 2 误检测为标签 3。

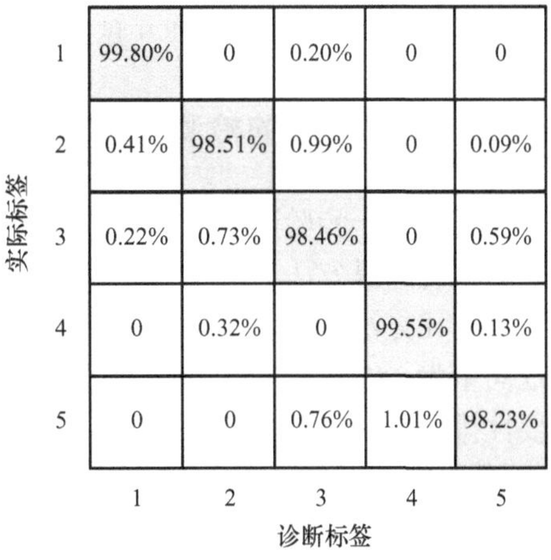

1. 正常情况

正常状态下本章所提算法的检测准确率为 99.80%,只有 0.2% 的样本被误检测为状态 3(线路 I 发生电弧故障)。表明本章所提方法能够有效抑制虚警,以高于 99.55% 的置信度避免系统正常运行时发

图 6.12 检测结果的混淆矩阵

2. 电弧故障

线路Ⅰ、线路Ⅱ、线路Ⅲ和线路Ⅳ发生电弧故障被正确检测的概率分别为 98.46%、99.55%、98.23%以及 98.51%。电弧故障情况下检测准确度明显低于正常情况,这是由于电弧是一种不稳定的等离子放电现象。系统中发生电弧故障时,电流信号随机波动性强,对检测算法带来了较大的挑战。非线性负载的电流信号存在高频谐波且其本身包含反馈控制机制,由此造成了分线性负载所在支路发生电弧故障时检测难度相比于连接线性负载的情况更大。在电弧故障情况下,本章所提算法检测准确度为 98.71%。而且只有 0.16%的样本为当系统发生电弧故障时被误报为正常状态,其余被误检测的样本为定位错误。因此,当系统中发生电弧故障时,本章所提方法能够以 99.84%的准确度正确判断出系统内存在 SAF,并能够以 98.71%的准确度检测出 SAF 故障发生的位置。以上分析证明了本章所提 SAF 检测方法的有效性。

图 6.13 给出了 RF 中包含不同决策树个数时对应的测试准确度,随着决策树个数的增加,测试准确度表现出先上升然后停滞的规律。在决策树个数为 35 时,可得到最大的测试准确度 98.93%。因此,本节选用 RF 中的决策时个数为 35 是合理的。

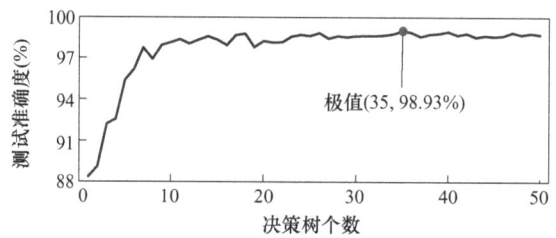

图 6.13 RF 中包含不同决策树个数时对应的测试准确度

6.5.3 不同方法的检测性能对比

为了进一步验证本节所提网络级电弧故障检测方法的性能,在此基于相同的数据集将所提方法(D1)与不同的方法(C1、C2、C3、C4 和 C5)对比。

对比方法 C1:C1 与本章所提方法的区别在于其未采用多尺度分析。原始特征向量为 147 维,包含频域特征、时域特征以及奇异值。经过特征选择,选取重要性排名前 38 的特征作为输入。所采用的分类器为包含 35 棵决策树的 RF。设计 C1 是为了验证多尺度分析的性能。

对比方法 C2:方法 C2 采用 Adam-DNN 作为分类器,所用特征与 D1 保持一致。Adam-DNN 采用双层隐含层的结构,其整体网络结构为[106 53 20 5]。C2 采用先进的自适应优化器 Adam 训练网络参数[160]，初始学习率为 0.005，激活函数为 ReLU，训练次数为 150，每批次训练样本数为 100。方法 C2 主要对比随机森林与 Adam-DNN 分类器的性能。

对比方法 C3：C3 是将参考文献[161]中方法由单支路电弧故障检测扩展为网络级电弧故障检测。通过提取不同支路电流信号中小波能量熵、方差、脉冲因子、峭度因子构造 4 维特征向量，基于 SVM 实现电弧故障检测。其中，采用网格搜索和 10 折交叉验证法可得到优化的 SVM 中参数惩罚因子 C 以及核参数 g 分别为 130 和 0.115。

对比方法 C4：C4 基于本章所设计的特征提取方法仅处理 line Ⅳ（主回路）的电流信号，从而构造 123 维特征向量。然后基于包含 35 棵决策树的 RF 实现配电网 SAF 的检测。C4 的意义是为了验证基于单支路电流分析的配电网电弧故障检测方法的性能。

对比方法 C5：该方法首先将三路电流信号转化为大小为 3×32×32 的张量，然后将该张量输入至包含 12 层结构的卷积神经网络，CNN 的网络结构见表 6.4。第 1、4、7 层为卷积层，例如第一层为 3 输入 16 输出的卷积层，卷积核大小为 3×3，卷积核滑动步长 1，填充值为 1。第 2、5、8 层为批量归一化层，可将特征值分布重新拉回标准正态分布以加快收敛速度并降低过拟合的风险。第 3、6、9 层为最大池化层，池化核的尺寸为 2×2。C5 的激活函数为 ReLU，优化器为 Adam，初始学习率为 0.0011。

表 6.4　CNN 结构

层级	CNN 结构	层级	CNN 结构
1	Conv2d(3,16,3,stride=1,padding=1)	7	Conv2d(32,64,3,stride=1,padding=1)
2	BatchNorm2d(16)	8	BatchNorm2d(64)
3	MaxPool2d(2,2)	9	MaxPool2d(2,2)
4	Conv2d(16,32,3,stride=1,padding=1)	10	Linear(1024,1000)
5	BatchNorm2d(32)	11	Linear(1000,300)
6	MaxPool2d(2,2)	12	Linear(300,5)

实验结果见表 6.5，对比方法 C1、C2、C3、C4 以及 C5 的检测准确度分别为 98.25%、98.84%、97.42%、91.69%和 98.57%。

表 6.5　不同方法的检测性能

方法	模型训练时间/s	单样本测试时间/ms	检测准确度(%)
D1	0.2652	12.17	98.93
C1	0.1955	6.19	98.25
C2	7.2197	8.83	98.84

（续）

方法	模型训练时间/s	单样本测试时间/ms	检测准确度(%)
C3	0.0895	9.16	97.42
C4	0.3127	6.52	91.69
C5	836.71	1.02	98.57

1）由 D1 与 C1 的结果对比证明了多尺度分析能够挖掘更多尺度下的故障信息，从而提升检测性能。但由于 D1 中多尺度分析增加了所分析信号的数量从而提升了特征提取以及 RF 训练的计算量，D1 的模型训练时间以及单样本检测时间要高于 C1。

2）C4 的检测准确度仅为 91.69%，表明仅利用主回路（线路Ⅳ）的电流信号提取特征，会丢失大量的故障位置信息。尤其当支路中存在性质相似的两个负载分别发生电弧故障时，两者的随机波动性在主回路电流信号中的表现形式同样具有一定的相似性。从而这种情况下仅依据主回路电流信号的分析难以准确地判断电弧故障所在线路。

3）D1 的检测准确度（98.93%）高于 C2（98.84%）、C3（97.42%）、C5（98.57%）。C2 采用 Adam 优化器以及 ReLU 激活函数解决传统 DNN 训练过程中参数饱和以及梯度消失问题，C5 采用更深层的网络结构直接从电流数据提取抽象的特征，并利用 BatchNorm 技术提升训练过程中网络参数的收敛速度。D1 不仅检测准确度高于 C2 与 C5，而且 RF 的训练时间仅为 DNN 的 3.6% 和 CNN 的 0.03%，同时，DNN 与 CNN 网络结构复杂，应用过程中超参数确定存在困难。C3 通过计算小波能量的熵掩盖了信号不同频带能量分布的细节信息，抑制了其检测性能。D1 由于需要提取不同尺度下的多种类型特征，因此 D1 在执行检测时对单一样本的检测时间（12.17ms）高于 C2（8.83ms）、C3（9.16ms）、C5（1.02ms），但 D1 在执行检测时对单一样本的检测时间（12.17ms）仍远低于 UL1699B 的对检测时间的要求（2s 内检测出电弧故障）。

综合考虑检测准确度、模型训练时间以及单样本检测时间，本章所提方法 D1 具有最好的性能，而本章所提算法在实际嵌入式检测系统中的检测速度能否满足标准的需求将在下一小节进行验证。

6.6　基于在线实验的网络级电弧故障检测算法性能分析

为了进一步验证所提算法的实时性，本小节基于 Python 3.7 编程将所提算法嵌入至图 6.3 所示的微处理器中。为了增强算法的鲁棒性，当连续 3 次检测结果为某一位置发生 SAF，则最终判定该位置发生电弧故障。图 6.14 和表 6.6 给出了

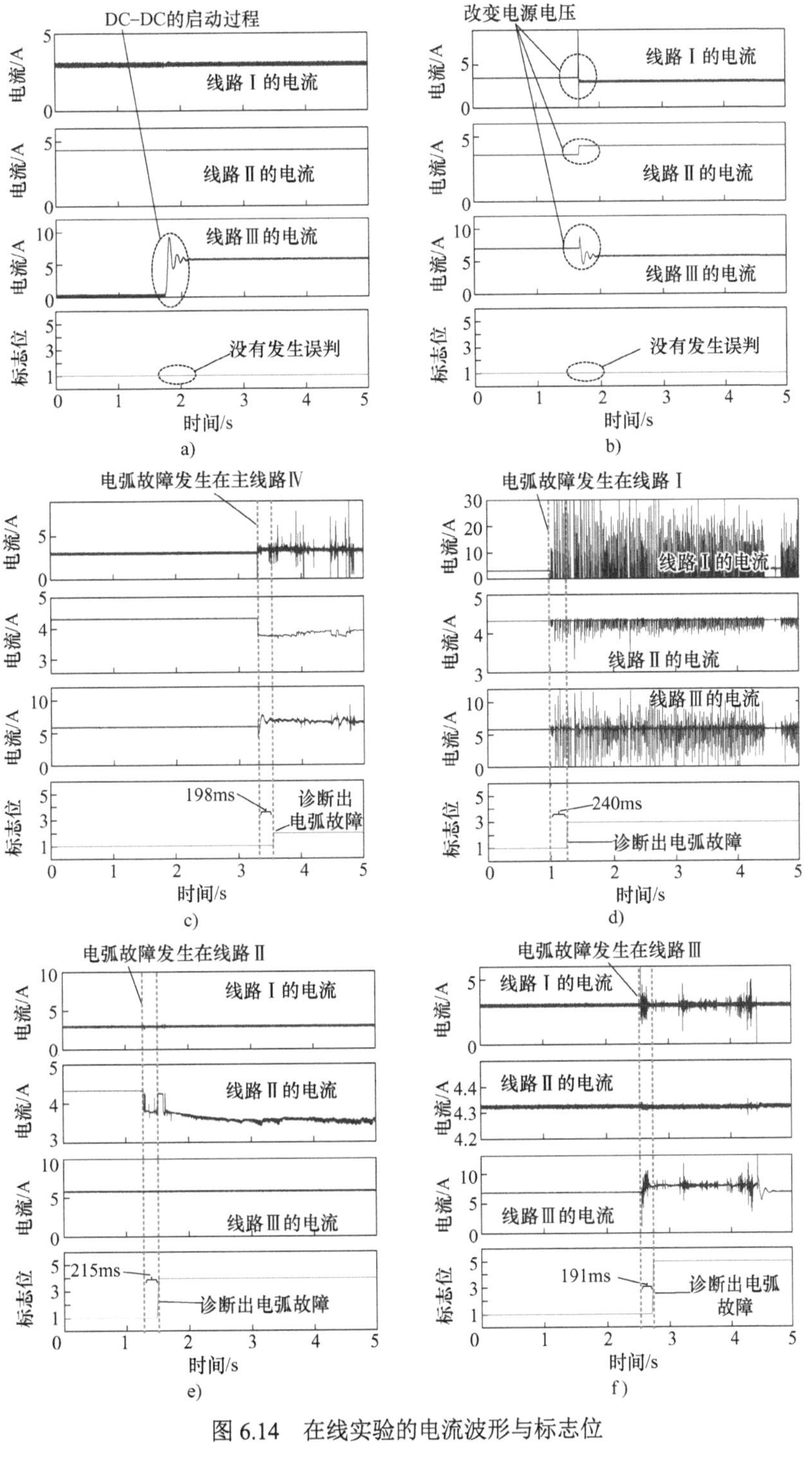

第6章 网络级直流串联电弧故障检测方法

图 6.14 在线实验的电流波形与标志位

6 种不同工作条件下的检测结果：DC-DC 启动（R1）、电源电压发生变化（R2）、线路Ⅰ发生电弧故障（R3）、线路Ⅱ发生电弧故障（R4）、线路Ⅲ发生电弧故障（R5）、线路Ⅳ发生电弧故障（R6）。R1 和 R2 属于正常情况，其中包含了暂态过程。R3、R4、R5 和 R6 为系统中不同位置发生电弧故障。

图 6.14a 中，在线路Ⅲ的 DC-DC 启动瞬间，线路Ⅲ的电流发生了明显的超调与振荡。图 6.14b 中，在电源电压改变的瞬间，三条支路的电流也发生了明显的跳变。线路Ⅱ接入的是线性负载，线路Ⅱ的电流波形呈现类似标准阶跃式的变化（电源电压增大）。而线路Ⅰ和线路Ⅲ连接的非线性负载（DC-DC）具有恒功率输出的特性，因此电源电压提升其输入端电流下降，且电流变化瞬间具有明显的超调与振荡。R1 和 R2 两种情况下的暂态过程中电流波形包含了高频谐波扰动成分，但代表系统状态的标志位始终为 1（normal operation），没有发生误检测。本章在 R1 和 R2 两种情况下分别进行了 30 次试验，其检测准确度都为 100%，见表 6.6。

表 6.6 网络级电弧故障在线检测结果

工作条件	电压/V	电流/A	检测准确度
R1	40~120	5~23	100%（30/30）
R2			100%（30/30）
R3			96.67%（29/30）
R4			100%（30/30）
R5			100%（30/30）
R6			100%（30/30）

注：本章所提网络级电弧故障方法的检测时间小于 250ms。

由图 6.14b 可知，线路Ⅰ和线路Ⅲ分别接入的是两种不同类型的 DC-DC。当端电压发生变化时，两种 DC-DC 动态性能有所差别。线路Ⅰ所接入的 DC-DC 调节时间更短，但其超调量大。线路Ⅱ所接入的 DC-DC 调节时间长，但其超调量小。两种不同类型暂态情况同时存在的情况下，本章节所提算法依然能避免误判。说明本章所提算法蕴含的关键故障信息能够有效避免虚警、鲁棒性强。

图 6.14c~f 给出系统中不同位置发生电弧故障的检测结果，表明本章节所提算法能够在 250ms 内及时地检测出发生电弧故障的位置。本节所提算法的检测时间能够满足 UL1699B 的要求（2s 内检测出电弧故障）。本节所提的方法不仅能检测出电弧故障而且还能准确识别电弧故障所在的线路，相比于单支路电弧故障检测获得故障信息更丰富，同时计算效率依然满足单支路电弧故障检测标准的要求，证明了本节所提算法的计算效率是可接受的。

本章对 R3、R4、R5 和 R6 这四种情况分别执行 30 次实验，仅在 R3 情况下存在一次实验未能做出正确判断,R4、R5 和 R6 情况下的准确度都为 100%。在线实验的结果表明本章所提出的基于多尺度特征融合的方法的计算效率能够满足标准要求的前提下具有卓越的可靠性、鲁棒性和一定的工程应用价值。若系统中支路增多,则通过增加传感器采集相应支路的电流并在特征向量中增加相应支路的故障特征,可使本章所提方法同样适用。而且,今后若采用性能更好的处理器,如 FPGA 或 NVIDIA Jetson AGX,算法的计算效率能够进一步提升。

6.7 本章小结

在电力电子化直流配电网中,电弧噪声干扰邻近线路的现象对实现准确的串联电弧故障检测带来了巨大的挑战。首先,本章基于所搭建的实验平台详细分析了串联电弧故障发生在系统中不同位置时电弧噪声在系统中的传播规律,证明了传统基于单支路信息的电弧故障检测方法的局限性以及从系统级的角度综合利用多支路信息实现电弧故障检测的必要性。其次,针对全新的网络级电弧故障检测问题,本章提出了一种基于多尺度特征融合的电弧故障检测方法:①多尺度分析方法有利于挖掘电流信号不同尺度下的关键故障信息并提升特征的多样性;②基于 RF 实现特征选择与融合,一方面能够消除低重要性信息对检测的负面影响,另一方面能够实现不同特征优势信息的互补,从而提升检测准确度并降低分类器的负担。

本章基于离线实验验证了所提方法的性能。而且与不同方法对比的结果进一步证明了所提方法的可靠性与先进性。同时通过将所提方法嵌入至微处理器中执行在线实验,证明了该方法的计算效率满足标准的要求,而且在不同的工作条件下所提方法都展现出了优越的检测性能。虽然本章所构建的直流配电系统只包含三条支路,但通过增加传感器采集更多支路电流信号可将本章所提方法推广到包含更多支路的配电系统中。

参 考 文 献

[1] 郭念辉，马伟泽. 关注民用飞机电缆布线及其技术[J]. 国际航空，2009(11)：44-45.

[2] NEMIR D C，MARTINEZ A，DIONG B. Arc fault management using solid state switching[J]. SAE Trans. J. of Aerospace Engineering，2004(01). DOI：https://doi.org/10.4271/2004-01-3197.

[3] 王其平. 电器电弧理论[M]. 北京：机械工业出版社，1991.

[4] POTTER T E，LAVADO M P E. Arc Fault Circuit Interruption Requirements for Aircraft Applications[R]. Texas Instruments，2003-11.

[5] 张春燕. 基于电弧模型仿真的电气火灾智能算法分析[D]. 杭州：浙江大学，2016.

[6] 李新福. 低压电器电弧仿真研究[D]. 天津：河北工业大学，2004.

[7] 孟珍，王莉，孙晶，等. 航空并行电弧失效影响模型[J]. 电工技术学报，2015，30(22)：263-268.

[8] AMMERMAN R F，GAMMON T，SEN P K，et al. DC-Arc Models and Incident-Energy Calculations[J]. IEEE Transactions on Industry Applications，2010，46(5)：1810-1819.

[9] 王钢，徐子利，梁远升. 基于故障电弧方波曲线相似度的输电线路单端故障测距时域算法[J]. 电力系统保护与控制，2012(23)：109-113.

[10] AGRAWAL P . Performance of the Pramod Scheme for UHS Protection of EHV Transmission Lines Under Arcing Fault Conditions[J]. Power Engineering Review IEEE，1991，11(1)：43-44.

[11] STOKES A D，OPPENLANDER W T. Electric arcs in open air[J]. Journal of Physics D Applied Physics，1991，24(1)：26-35.

[12] PAUKERT J. The arc voltage and arc resistance of lv fault arcs[C]. Proceedings of the 7th International Symposium on Switching Arc Phenomena，1993：49-51.

[13] ANDREA J，BESDEL P，ZIRN O，et al. The electric arc as a circuit component[C]. Yokohama，Japan：Conference of the Industrial Electronics Society，2015：003027-003034.

[14] YAO X，HERRERA L，WANG J，et al. Impact evaluation of series dc arc faults in dc microgrids[C]. Applied Power Electronics Conference，2015：2953-2958.

[15] TELFORD R，GALLOWAY S，STEPHEN B，et al. Diagnosis of Series DC Arc Faults—A Machine Learning Approach[J]. IEEE Transactions on Industrial Informatics，2017，13(4)：1598-1609.

[16] LIU Y L，GUO F Y，LI L，et al. A Kind of Series Fault Arc Mathematical Model [J]. Transactions of China Electrotechnical Society，2019，34(14)：2901-2912.

[17] MCCALMONT S. Low Cost Arc Fault Detection and Protection for PV Systems[R]. National Renewable Energy Laboratory(NREL)，Golden，CO(United States)，2013.

[18] GEORGIJEVIC N，JANKOVIC M，SRDIC S，et al. The Detection of Series Arc Fault in

Photovoltaic Systems Based on the Arc Current Entropy[J]. IEEE Transactions on Power Electronics，2016，31(8)：5917-5930.

[19] KHAKPOUR A，FRANKE S，UHRLANDT D，et al. Electrical Arc Model Based on Physical Parameters and Power Calculation[J]. Plasma ence，IEEE Transactions on，2015，43(8)：2721-2729.

[20] GAO Y，WANG L，ZHANG Y J，et al. Research on the calculation method for the parameters of the simplified Schavemaker AC arc model[J]. Power System Protection and Control，2019，47(8)：102-111.

[21] AHIRWAL M K，KUMAR A，SINGH G K . EEG/ERP Adaptive Noise Canceller Design with Controlled Search Space(CSS) Approach in Cuckoo and Other Optimization Algorithms[J]. IEEE/ACM Transactions on Computational Biology and Bioinformatics，2013，10(6)：1491-1504.

[22] ZHANG G，LIU Y，QI L，et al. Parameter Estimation of Black Box Arc Model based on Heuristic Optimization Algorithms[C]. holm conference on electrical contacts，Albuquerque，2018：66-70.

[23] MUKHERJEE A，ROUTRAY A，KUMA A. Method for detection of arcing in low-voltage distribution systems[J]. IEEE Transactions on Power Delivery，2017，32(3)：1244-1252.

[24] 汲胜昌，熊庆，祝令瑜，等. 一种基于电磁辐射特性的直流电弧检测方法[J]. 高电压技术，2017，43(9)：9-16.

[25] 熊庆，汲胜昌，陆伟锋，等. 低气压下串联直流电弧故障电磁辐射幅值及频率特性[J]. 中国电机工程学报，2017(4)：122-131.

[26] JIANG J，ZHAO M，WEN Z，et al. Detection of DC series arc in more electric aircraft power system based on optical spectrometry[J]. High Voltage，2020，5(1)：24-29.

[27] 杨建红，张认成，杜建华. 基于多信息融合的故障电弧保护系统的应用研究[J]. 高压电器，2007，43(3)：194-196.

[28] CAI X，WANG L，SUN Q，et al. AC arc fault detection based on Mahalanobis Distance[C]. 2012 15th International Power Electronics and Motion Control Conference(EPE/PEMC)，Novi Sad，2012：1-6.

[29] 郭云梅. 航空直流电弧故障检测及保护技术研究[D]. 南京：南京航空航天大学，2010.

[30] 蔡小辰. 交流系统中电弧故障检测与保护技术的研究[D]. 南京：南京航空航天大学，2013.

[31] 孟珍. 直流电弧失效影响及故障检测技术的研究[D]. 南京：南京航空航天大学，2014.

[32] SCHIMPF F，NORUM L E. Recognition of electric arcing in the DC-wiring of photovoltaic systems[C]. Telecommunications Energy Conference，Incheon，2009：1-6.

[33] 孙鹏，佟雅林，秦猛. 基于网格分形理论的串联故障电弧检测检测技术[J]. 低压电器，2013(1)：56-60.

[34] 卢其威，巫海东，王肃珂，等. 基于差值均方根法的故障电弧检测的研究[J]. 电器与能效管理技术，2013，54(1)：6-10.

[35] MOMOH J A，BUTTON R. Design and analysis of aerospace DC arcing faults using fast fourier transformation and artificial neural network[C]. IEEE Power Engineering Society General Meeting，Toronto，2003：788-793.

[36] CHENG H，CHEN X，LIU F，et al. Series Arc Fault Detection and Implementation Based on the Short-time Fourier Transform[C]. Power and Energy Engineering Conference(APPEEC)，Chengdu，2010：1-4.

[37] 赵尚程，张认成，杜建华，等. 采用小波变换的光伏串联电弧故障检测[J]. 华侨大学学报(自然科学版)，2017，38(1)：7-12.

[38] ALAM M K，KHAN H F，JOHNSON，et al. PV arc-fault detection using spread spectrum time domain reflectometry(SSTDR)[C]. 2014 IEEE Energy Conversion Congress and Exposition (ECCE)，Pittsburgh，2014：3294-3300.

[39] GU J，LAI D，WANG J，et al. Design of a DC Series Arc Fault Detector for Photovoltaic System Protection[J]. IEEE Transactions on Industry Applications，2019，55(3)：2464-2471.

[40] CHEN S，LI X W，XIONG J Y. Series Arc Fault Identification for Photovoltaic System Based on Time-Domain and Time-Frequency-Domain Analysis[J]. IEEE Journal of Photovoltaics，2017，7(4)：1105-1114.

[41] LIU J，CHEN J，ZUO J. PSO-SOM Neural Network Algorithm for Series Arc Fault Detection[J]. Advances in Mathematical Physics，2020：1-8.

[42] TELFORD R，GALLOWAY S，STEPHEN B，et al. Diagnosis of Series DC Arc Faults：A Machine Learning Approach[J]. IEEE Transactions on Industrial Informatics，2017，13(4)：1598-1609.

[43] GUO Y，WANG L，WU Z，et al. Wavelet packet analysis applied in detection of low-voltage DC arc fault[C]. 2009 4th IEEE Conference on Industrial Electronics and Applications，Xi'an，2009：4013-4016.

[44] LIU Y W，WU C J，WANG Y C . Detection of serial arc fault on low-voltage indoor power lines by using radial basis function neural network[J]. International Journal of Electrical Power & Energy Systems，2016，83：149-157.

[45] JIANG J，LI W，WEN Z，et al. Series Arc Fault Detection Based on Random Forest and Deep Neural Network[J]. IEEE Sensors Journal，2021，21(15)：17171-17179.

[46] CHEN S，LI X，MENG Y，et al. Wavelet-based protection strategy for series arc faults interfered by multicomponent noise signals in grid-connected photovoltaic systems[J]. Solar Energy，2019，183：327-336.

[47] 郭凤仪，邓勇，王智勇. 基于灰度-梯度共生矩阵的串联故障电弧特征[J]. 电工技术学报，

2018，33(1)：71-81.

[48] 卢其威，王涛，李宗睿，等. 基于小波变换和奇异值分解的串联电弧故障检测方法[J]. 电工技术学报，2017，32(17)：212-221.

[49] 张婷. 基于定子电流双树复小波分析的牵引电机故障检测[D]. 北京：北京交通大学，2016.

[50] 张瑶佳，王莉，尹振东，等. 基于 HHT 的航空直流串行电弧特征提取方法[J]. 航空学报，2019，40(1)：259-271.

[51] 苏晶晶，许志红. 基于 EMD 和 PNN 的故障电弧多变量判据检测方法[J]. 电力自动化设备，2019，39(4)：112-119.

[52] 张丽萍，缪希仁，石敦义. 基于 EMD 和 ELM 的低压电弧故障识别方法的研究[J]. 电机与控制学报，2016，20(9)：54-60.

[53] 郑近德，潘海洋，张俊. APEEMD 及其在转子碰摩故障检测中的应用[J]. 振动、测试与检测，2016，36(2)：257-263.

[54] 杨凯，张认成，杨建红. 基于分形维数和支持向量机的串联电弧故障检测方法[J]. 电工技术学报，2016，31(2)：70-77.

[55] 郭凤仪，李坤，陈昌垦，等. 基于小波近似熵的串联电弧故障识别方法[J]. 电工技术学报，2016，31(24)：164-172.

[56] 吴春华，徐文新，李智华，等. 光伏系统直流电弧故障检测方法及其抗干扰研究[J]. 中国电机工程学报，2018，38(12)：3546-3555.

[57] ABDULLAH Y，SHAFFER J，HU B X，et al. Hurst-Exponent-Based Detection of High-Impedance DC Arc Events for 48-V Systems in Vehicles[J]. IEEE Transactions on Power Electronics，2021，36(4)：3803-3813.

[58] AMIRI A，SAMET H，GHANBARI A. Recurrence Plots Based Method for Detecting Series Arc Faults in Photovoltaic Systems[J]. IEEE Transactions on Industrial Electronics，2022，69(6)：6308-6315.

[59] 崔芮华，李泽，佟德栓. 基于相空间重构和 PCA 的航空电弧故障检测[J]. 中国电机工程学报，2021，41(14)：5054-5065.

[60] GAO W，WAI R J. Series Arc Fault Detection of Grid-Connected PV System via SVD Denoising and IEWT-TWSVM[J]. IEEE Journal of Photovoltaics，2021，11(6)：1493-1510.

[61] AHMADI M，SAMET H，GHANBARI T，et al. A new method for detecting series arc fault in photovoltaic systems based on the blind source separation [J]. IEEE Transactions on Industrial Electronics，2019，67(6)：5041-5049.

[62] EDWIN C M，SCHWEITZER P，WEBER S. Kalman filter and a fuzzy logic processor for series arcing fault detection in a home electrical network[J]. Electrical Power and Energy Systems，2019，107：251-263.

[63] WANG Y，ZHANG F，ZHANG S . A New Methodology for Identifying Arc Fault by Sparse

Representation and Neural Network[J]. IEEE Transactions on Instrumentation and Measurement, 2018, 99: 1-12.

[64] 孟羽, 陈思磊, 吴子豪, 等. 基于随机共振方法增强光伏直流故障电弧检测特征的研究[J]. 中国电机工程学报, 2022, 42(6):2396-2407.

[65] KAI Y, RENCHENG Z, JIAN H Y, et al. A Novel Arc Fault Detector for Early Detection of Electrical Fires[J]. Sensors, 2016, 16(4): 500-513.

[66] HAN C, WANG Z, TANG A, et al. Recognition Method of AC Series Arc Fault Characteristics Under Complicated Harmonic Conditions[J]. IEEE Transactions on Instrumentation and Measurement, 2021, 70(3509709): 1-9.

[67] BOWD C, MEDEIROS F A, ZHANG Z, et al. Relevance Vector Machine and Support Vector Machine Classifier Analysis of Scanning Laser Polarimetry Retinal Nerve Fiber Layer Measurements[J]. Investigative Opthalmology & Visual Science, 2005, 46(4): 1322-1331.

[68] JIANG J, WEN Z, ZHAO M, et al. Series Arc Detection and Complex Load Recognition Based on Principal Component Analysis and Support Vector Machine[J]. IEEE Access, 2019, 7: 47221-47229.

[69] LU S, MA R, SIROJAN T, et al. Lightweight transfer nets and adversarial data augmentation for photovoltaic series arc fault detection with limited fault data[J]. International Journal of Electrical Power & Energy Systems, 2021, 130(107035): 1-12.

[70] ZHANG T, ZHANG R, WANG H, et al. Series AC Arc Fault Diagnosis Based on Data Enhancement and Adaptive Asymmetric Convolutional Neural Network[J]. IEEE Sensors Journal, 2021, 21(18): 20665-20673.

[71] WANG Y, HOU L, PAUL K C, et al. ArcNet: Series AC Arc Fault Detection Based on Raw Current and Convolutional Neural Network[J]. IEEE Transactions on Industrial Informatics, 2022, 18(1): 77-86.

[72] LE V, YAO X, MILLER C, et al. Series DC Arc Fault Detection Based on Ensemble Machine Learning[J]. IEEE Transactions on Power Electronics, 2020, 35(8): 7826-7839.

[73] YAO X, HERRERA L, WANG J. Impact evaluation of series dc arc faults in dc microgrids[C]. 2015 IEEE Applied Power Electronics Conference and Exposition(APEC), Charlotte, 2015: 2953-2958.

[74] UNDERWRITERS LABORATORIES INC. UL Standard for Safety Arc-Fault Circuit-Interrupters[S]. 2nd ed. New York, USA, 2011.

[75] YAO X, LE V, LEE I. Unknown Input Observer-Based Series DC Arc Fault Detection in DC Microgrids[J]. IEEE Transactions on Power Electronics, 2022, 37(4): 4708-4718.

[76] GAJULA K, HERRERA L. Detection and Localization of Series Arc Faults in DC Microgrids Using Kalman Filter[J]. IEEE Journal of Emerging and Selected Topics in Power Electronics,

2021，9(3)：2589-2596.

[77] LI W，LIU Y，LI Y，et al. Series Arc Fault Diagnosis and Line Selection Method Based on Recurrent Neural Network[J]. IEEE Access，2020，8：177815-177822.

[78] JALAYER M，ORSENIGO C，VERCELLIS C. Fault detection and diagnosis for rotating machinery：A model based on convolutional LSTM, Fast Fourier and continuous wavelet transforms[J]. Computers in Industry，2020，125：103378-103392.

[79] GUO F，GAO H，WANG Z，et al. Detection and Line Selection of Series Arc Fault in Multi-Load Circuit[J]. IEEE Transactions on Plasma Science，2019，47(11)：5089-5098.

[80] XIONG Q，FENG X，ANGELO L，et al. Series Arc Fault Detection and Localization in DC Distribution System[J]. IEEE Transactions on Instrumentation and Measurement，2020，69(1)：122-134.

[81] JIANG J，LI W，WEN Z，et al. Series Arc Fault Detection Based on Random Forest and Deep Neural Network[J]. IEEE Sensors Journal，2021，21(15)：17171-17179.

[82] GAO H，WANG Z，TANG A，et al. Research on Series Arc Fault Detection and Phase Selection Feature Extraction Method[J]. IEEE Transactions on Instrumentation and Measurement，2021，70(2004508)：1-8.

[83] SHEA J J. Conditions for Series Arcing Phenomena in PVC Wiring[J]. IEEE Transactions on Components & Packaging Technology，2007，30(3)：532-539.

[84] 荣命哲，杨飞. 电接触理论及应用[M]. 北京：机械工业出版社，2023.

[85] WENDL M，WEISS M，BERGER F. HF Characterization of Low Current DC Arcs at Alterable Conditions[C]. The 27th International Conference on Electrical Contacts，Dresden，Germany，2014：1-6.

[86] RYVES L，MCKENZIE D R，et al. Cathode-Spot Dynamics in a High-Current Pulsed Arc：A Noise Study[J]. IEEE Transactions on Plasma Science，2009，37(2)：365-368.

[87] SHEA J，CARRODUS J B .RF Current Produced from Electrical Arcing[C]. 2011 IEEE 57th Holm Conference on Electrical Contacts(Holm)，Minneapolis，MN，USA，2011：1-9.

[88] WALL M E，RECHTSTEINER A，ROCHA L M. Singular value decomposition and principal component analysis[J]//A practical approach to microarray data analysis. Boston，MA：Springer，2003.

[89] WANG J，LI J，WAN X. Fault feature extraction method of rolling bearings based on singular value decomposition and local mean decomposition[J]. Journal of Mechanical Engineering，2015，51(3)：104-110.

[90] LU Q，WANG T，LI Z R，et al. Detection method of series arcing fault based on wavelet transform and singular value decomposition[J]. Transactions of China Electrotechnical Society，2017，32(17)：208-217.

[91] 姚晓莹. 水下目标信号的能量熵检测与倒谱特征分析技术[D]. 哈尔滨：哈尔滨工程大学，2014.

[92] YIN Z，WANG L，ZHANG Y，et al. A novel arc fault detection method integrated random forest，improved multi-scale permutation entropy and wavelet packet transform[J]. Electronics，2019，8(4)：1-26.

[93] KUAI M，CHENG G，PANG Y，et al. Research of Planetary Gear Fault Diagnosis Based on Permutation Entropy of CEEMDAN and ANFIS[J]. Sensors，2018，18：782-801.

[94] NAMAZI H，et al. A signal processing based analysis and prediction of seizure onset in patients with epilepsy[J]. Oncotarget，2016，7：342-350.

[95] BASSINGTHWAIGHTE J，RAYMOND G. Evaluation of the dispersional analysis method for fractal time series[J]. Annals of Biomedical Engineering，1995，23(4)：491-505.

[96] DRAA A，MESHOUL S，TALBI H，et al. A quantuminspired differential evolution algorithm for solving the N-queens problem[J]. The International Arab Journal of Information Technology，2010，7(1)：21-27.

[97] WANG D，CHEN H，RUI T，et al. A novel quantum grasshopper optimization algorithm for feature selection - ScienceDirect[J]. International Journal of Approximate Reasoning，2020，127：33-53.

[98] DING X，XU Z，CHEUNG N，et al. Parameter estimation of Takagi-Sugeno fuzzy system using heterogeneous cuckoo search algorithm[J]. Neurocomputing，2015，151：1332-1342.

[99] HAN K，KIM J. Quantum-inspired evolutionary algorithms with a new termination criterion，H/sub/sp1 epsi//gate，and two-phase scheme[J]. IEEE Transactions on Evolutionary Computation，2004，8(2)：156-169.

[100] CHENUG N，DING X，SHEN H. A Nonhomogeneous Cuckoo Search Algorithm Based on Quantum Mechanism for Real Parameter Optimization[J]. IEEE Transactions on Cybernetics，2016，47(2)：1-12.

[101] SAYED G，HASSANIEN A，AZAR A. Feature selection via a novel chaotic crow search algorithm[J]. Neural Computing and Applications，2019，31(1)：171-188.

[102] KAUR A，PAL S，SINGH A. Hybridization of Chaos and Flower Pollination Algorithm over K-Means for data clustering [J]. Applied Soft Computing，2020，97(105523)：1-13.

[103] ZHU W，DUAN H. Chaotic predator-prey biogeography-based optimization approach for UCAV path planning[J]. Aerospace Science and Technology，2014，32(1)：153-161.

[104] XU H，QIAN X，ZHANG L. Study of ACO algorithm optimization based on improved tent chaotic mapping[J]. Journal of Information & Computational Science，2012，9(6)：1653-1660.

[105] CHEN H，LI W，YANG X. A whale optimization algorithm with chaos mechanism based on quasi-opposition for global optimization problems[J]. Expert Systems with Applications，2020，

158: 1-13.

[106] TRUONG K, PERUMAL N, ZUHAIRI B, et al. A Quasi-Oppositional-Chaotic Symbiotic Organisms Search algorithm for global optimization problems[J]. Applied Soft Computing, 2019, 77: 567-583.

[107] XU H, QIAN X, ZHANG L. Study of ACO algorithm optimization based on improved tent chaotic mapping[J]. Journal of Information & Computational Science, 2012, 9(6): 1653-1660.

[108] CHEN H, LI W, YANG X. A whale optimization algorithm with chaos mechanism based on quasi-opposition for global optimization problems[J]. Expert Systems with Applications, 2020, 158: 1-13.

[109] ARORA S, ANAND P. Chaotic grasshopper optimization algorithm for global optimization[J]. Neural Computing and Applications, 2019, 31(8): 4385-4405.

[110] GAGANPREET K, SANKALAP A. Chaotic whale optimization algorithm[J]. Journal of Computational Design & Engineering, 2018, 5: 275-284.

[111] EMRE C. A powerful variant of symbiotic organisms search algorithm for global optimization[J]. Engineering Applications of Artificial Intelligence, 2020, 87: 103294-103308.

[112] EMRE C. Improved stochastic fractal search algorithm and modified cost function for automatic generation control of interconnected electric power systems[J]. Engineering Applications of Artificial Intelligence, 2020, 88: 103407-103427.

[113] GOLDSMITH T. The evolution of aging. Nature Education Knowledge[J]. 2006, 156, 10: 927-931.

[114] MIRJALILI S, LEWIS A. Grey Wolf Optimizer[J]. Advances in Engineering Software, 2014, 69: 46-61.

[115] YANG X, SUASH D. Cuckoo Search via Lévy flights[C]. 2009 World Congress on Nature & Biologically Inspired Computing(NaBIC), Coimbatore, India, 2009: 210-214.

[116] CHEN X, XU B, MEI C. Teaching-learning-based artificial bee colony for solar photovoltaic parameter estimation[J]. Applied Energy, 2018, 212: 1578-1588.

[117] HEIDARI A, MIRJALILI S, FARIS H. Harris hawks optimization: Algorithm and applications[J]. Future Generation Computer Systems, 2019, 97: 849-872.

[118] FARAMARZI A, HEIDARINEJAD M, STEPHENS B. Equilibrium optimizer: A novel optimization algorithm[J]. Knowledge-Based Systems, 2019, 191: 105190-105211.

[119] TALATAHARI S, AZIZI M. Optimization of Constrained Mathematical and Engineering Design Problems Using Chaos Game Optimization[J]. Computers & Industrial Engineering, 2020, 145: 106560-106588.

[120] SONG J, WU X, QIAN L, et al. PMSLM Eccentricity Fault Diagnosis Based on Deep Feature Fusion of Stray Magnetic Field Signals[C]. IEEE Transactions on Instrumentation and

Measurement, 2024, 73: 1-12.

[121] CAMPANHARO A S, SIRER M I, MALMGREN R D, et al. Duality between time series and networks[J]. PLoS One, 2011. DOI: 10.1371/journal. Polle. 0023378.

[122] HUANG G, et al. An Insight into Extreme Learning Machines: Random Neurons, Random Features and Kernels[J]. Cognitive Computation, 2014, 6(3): 376-390.

[123] LI Q, CHEN H, HUANG H, et al. An enhanced grey wolf optimization based feature selection wrapped kernel extreme learning machine for medical diagnosis[J]. Computational and mathematical methods in medicine, 2017, 63: 54-68.

[124] LI L, LIU Z, TSENG M, et al. Improved tunicate swarm algorithm: Solving the dynamic economic emission dispatch problems[J]. Applied Soft Computing, 2021, 108(1075042021): 1-14.

[125] CHEN S, MENG Y, XIE Z, et al. Feature Selection and Detection Method of Weak Arc Faults in Photovoltaic Systems With Strong Noises Based on Stochastic Resonance[J] IEEE Transactions on Instrumentation and Measurement, 2022, 71(3515213): 1-13.

[126] AMIRI A, SAMET H, GHANBARI T. Recurrence Plots Based Method for Detecting Series Arc Faults in Photovoltaic Systems[J]. IEEE Transactions on Industrial Electronics, 2022, 69(6): 6308-6315.

[127] LIU Y, LV Z, ZHANG S, et al. Feature Extraction and Detection Method of Series Arc Faults in a Motor With Inverter Circuits Under Vibration Conditions[J]. IEEE Transactions on Industrial Electronics, 2024, 71(6): 6294-6303.

[128] TANG S, DIAO X, CHEN L, et al. Study on detection method of weak series DC fault arc in PV power generation systems[J]. Chinese Journal of Scientific Instrument. 2021(4): 1-12.

[129] WANG L, QIU H, YANG P, et al. Arc fault detection algorithm based on variational mode decomposition and improved multi-scale fuzzy entropy[J]. Energies, 2021, 14(14): 4137.

[130] ABDI H, WILLIAMS L. Principal component analysis[J]. Wiley interdisciplinary reviews: computational statistics, 2010, 2(4): 433-459.

[131] XANTHOPOULOS P, PARDALOS P M, TRAFALIS T B. Linear discriminant analysis[J]. Robust data mining, 2013(1): 27-33.

[132] WANG Y, ZHANG Y. Nonnegative Matrix Factorization: A Comprehensive Review[J]. IEEE Transactions on Knowledge and Data Engineering, 2013, 25(6): 1336-1353.

[133] YAN J, LI Q, DUAN S. A Simplified Current Feature Extraction and Deployment Method for DC Series Arc Fault Detection[J]. IEEE Transactions on Industrial Electronics, 2024, 71(1): 625-634.

[134] NHAT-DUC H, VAN-DUC T. Comparison of histogram-based gradient boosting classification machine, random Forest, and deep convolutional neural network for pavement

raveling severity classification[J]. Automation in Construction, 2023, 148(104767): 1-22.

[135] SHAO H, JIANG H, ZHANG X. Intelligent fault diagnosis of aero-engine high-speed bearings using enhanced CNN[J]. Acta Aeronautica et Astronautica Sinica, 2022, 43(09): 158-171.

[136] LI Y, ZHANG K, CAO J, et al. Localvit: Bringing locality to vision transformers[J]. arXiv preprint arXiv: 2104.05707, 2021.

[137] HE K, ZHANG X, REN S, et al. Deep residual learning for image recognition[C]. Proceedings of the IEEE conference on computer vision and pattern recognition, 2016.

[138] SIMONYAN, KAREN, ANDREW ZISSERMAN. Very deep convolutional networks for largescale image recognition[J]. arXiv preprint arXiv: 1409.1556, 2014.

[139] FRANCES-ROGER A, ANVARI-MOGHADDAM A, RODRIGUEZ-DIAZ E, et al. Dynamic assessment of COTS converters-based DC integrated power systems in electric ships[J]. IEEE Transactions on Industrial Informatics, 2018, 14(12): 5518-5529.

[140] KIM T, BAEK S. Multiple bus motor drive based on a single inductor multi output converter in 48V electrified vehicles[C]//2017 IEEE International Electric Machines and Drives Conference(IEMDC). IEEE, 2017: 1-6.

[141] LIU Y, GAO J, GAO Y. Research on electrical locomotive 110V DC power supply based on power factor correction[C]//2008 International Conference on Electrical Machines and Systems. IEEE, 2008: 1963-1966.

[142] WANG H, ZHANG T, ZHANG B. Selection of DC Voltage Level in household Hybird AC/DC power supply system[C]//2019 IEEE 8th International Conference on Advanced Power System Automation and Protection(APAP). IEEE, 2019: 1527-1530.

[143] RODRIGUEZ-DIAZ E, CHEN F, VASQUEZ J C, et al. Voltage-level selection of future two-level LVdc distribution grids: A compromise between grid compatibiliy, safety, and efficiency[J]. IEEE Electrification Magazine, 2016, 4(2): 20-28.

[144] COSTA M, et al. Multiscale entropy analysis of complex heart rate dynamics: discrimination of age and heart failure effects[J]. Computers in Cardiology, 2003(9): 705-708.

[145] YAN X A, et al. Intelligent fault diagnosis of rotating machinery using improved multiscale dispersion entropy and mRMR feature selection[J]. Knowledge-Based Systems, 2019, 163: 450-471.

[146] ZHENG J, et al. Generalized refined composite multiscale fuzzy entropy and multi-cluster feature selection based intelligent fault diagnosis of rolling bearing[J]. ISA Transactions, 2022, 123(4): 136-151.

[147] MA Y, et al. Rotating machinery fault diagnosis based on multivariate multiscale fuzzy distribution entropy and Fisher score[J]. Measurement. 2021, 179(5): 109495-109515.

[148] WANG Z, HUANG H, WANG Y. Fault diagnosis of planetary gearbox using multi-criteria

feature selection and heterogeneous ensemble learning classification[J]. Measurement, 2021, 173: 108654-108666.

[149] LIU Z, QU J, ZUO M J, et al. Fault level diagnosis for planetary gearboxes using hybrid kernel feature selection and kernel Fisher discriminant analysis[J]. The International Journal of Advanced Manufacturing Technology, 2013, 67(5): 1217-1230.

[150] GOLUB G H, VAN LOAN C F. Matrix computations[M]. Baltimore, USA: JHU Press, 2013.

[151] CERRADA M, ZURITA G, CABRERA D, et al. Fault diagnosis in spur gears based on genetic algorithm and random forest[J]. Mechanical Systems and Signal Processing, 2016, 70: 87-103.

[152] YAN W. Application of random forest to aircraft engine fault diagnosis[C]//The Proceedings of the Multiconference on "Computational Engineering in Systems Applications". IEEE, 2006, 1: 468-475.

[153] SUN Y, ZHANG H, ZHAO T, et al. A new convolutional neural network with random forest method for hydrogen sensor fault diagnosis[J]. IEEE Access, 2020, 8: 85421-85430.

[154] HSU J Y, WANG Y F, LIN K C, et al. Wind turbine fault diagnosis and predictive maintenance through statistical process control and machine learning[J]. IEEE Access, 2020, 8: 23427-23439.

[155] HU Q, SI X S, ZHANG Q H, et al. A rotating machinery fault diagnosis method based on multi-scale dimensionless indicators and random forests[J]. Mechanical systems and signal processing, 2020, 139: 106609.

[156] VERIKAS A, GELZINIS A, Bacauskiene M. Mining data with random forests: A survey and results of new tests[J]. Pattern recognition, 2011, 44(2): 330-349.

[157] SUN C F, WANG Y R, SUN G D. A multi-criteria fusion feature selection algorithm for fault diagnosis of helicopter planetary gear train[J]. Chinese Journal of Aeronautics, 2020, 33(5): 1549-1561.

[158] 姚登举. 面向医学数据的随机森林特征选择及分类方法研究[D]. 哈尔滨：哈尔滨工程大学, 2016.

[159] NIU D, WANG K, SUN L, et al. Short-term photovoltaic power generation forecasting based on random forest feature selection and CEEMD: A case study[J]. Applied soft computing, 2020, 93: 106389-106403.

[160] KINGMA DP, BA J. ADAM: A method for stochastic optimization[J]. arXiv preprint, arXiv: 1412.6980, 2014.

[161] 唐圣学, 刁旭东, 陈丽, 等. 光伏发电系统直流串联微弱故障电弧检测方法研究[J]. 仪器仪表学报, 2021, 42(3): 150-160.